일생에 한번은 꼭 만나야 할 곳

글, 사진 이태훈

아시아 · 아메리카 · 오세아니아 편

중국	카슈가르. 황산. 홍콩. 투르판. 마카오. 북경. 서안. 영정. 봉황고성
일본	아키타. 후라노
티베트	라싸. 우정공로
인도	아그라. 바라나시. 카주라호. 라타크
캄보디아	앙코르와트
파키스탄	훈자왕국. 라호르
싱가포르	
몰디브	
말레이시아	코타키나발루
네팔	카트만두. 에베레스트
몽골	울란바토르
태국	방콕
미얀마	바간
베트남	하롱베이
요르단	페트라. 마다바
시리아	팔미라. 다마스쿠스
레바논	발베크. 베이루트
이스라엘	예루살렘. 아코
이란	이스파한
미국	샌프란시스코. 하와이. 그랜드캐넌. 뉴욕. LA
캐나다	밴프. 아이스필드
페루	마추픽추
볼리비아	티티카카호수. 우유니
브라질	리오
아르헨티나	부에노스아이레스
타히티	보라보라
호주	시드니. 골드코스트
뉴질랜드	마운틴쿡
피지	난디

21세기북스

일생에
한번은

꼭
만나야
할

곳

KI신서 2550

일생에 한번은 꼭 만나야 할 곳 100
아시아 · 아메리카 · 오세아니아

1판 1쇄 인쇄	2010년 6월 28일
1판 1쇄 발행	2010년 7월 5일

지은이	이태훈
펴낸이	김영곤
펴낸곳	(주)북이십일 21세기북스
기획 · 편집	김정규
본부장	이승현
마케팅 · 영업	도건홍, 김남연
디자인	디자인신지
출판등록	2000년 5월 6일 제10-1965호
주소	(우413-756)경기도 파주시 교하읍 문발리 파주출판단지 518-3
대표전화	031-955-2100
내용문의	031-955-2707
팩스	031-955-2122
이메일	book21@book21.co.kr
홈페이지	www.book21.co.kr
트위터	@mybookstory

ⓒ 2010 이태훈

값	16,800원
ISBN	978-89-509-2489-8 13980

* 미국 '하와이' '뉴욕'의 사진은 하와이관광청,
  뉴욕관광청에서 제공하였습니다.

일생에 한번은 꼭 만나야 할 곳 100

2권 /
아시아
아메리카
오세아니아
편

글, 사진 /
이태훈

21세기북스

아시아는 세계에서 가장 흥미로운 여행지 중 한 곳이다. 황화 문명, 인더스 문명, 유프라테스 문명 등 세계의 문명 발상지 4곳 가운데 3곳이 있는가 하면 불교를 비롯해 기독교, 이슬람교, 힌두교, 조로아스터교 등 지구상에 존재하는 대부분의 종교가 아시아에 있다. 이처럼 서로 다른 민족과 종교가 만들어 낸 상이한 문화들은 실크로드라는 교역로를 통해 서로 교류하면서 더욱 새롭고 다양하게 진화해 왔다.

아시아 여행은 다채로운 문화를 경험하는 좋은 기회가 된다. 우선 유구한 역사를 자랑하는 중국과 인도에서는 오랜 역사의 숨결을 느낄 수 있다. 네팔, 파키스탄 등의 히말라야 산간 오지에서는 문명의 이기를 등진 채 21세기를 살아가는 순박한 사람들을 만날 수 있다. 종교 분쟁 탓에 여행하기가 쉽진 않지만 중동에서는 이슬람만의 독특한 매력을 체험해 볼 수 있다. 그런가 하면 어떤 서양인들은 명상을 배우러 아시아를 찾는다. 그들에게 아시아는 동양의 신비를 체험할 수 있는 멋진 여행지가 될 것이다.

아메리카는 고도의 문명과 고대의 문명이 공존하고 있는 대륙이다. 북아메리카에서는 뉴욕, 로스앤젤레스 등 고도로 발달한 현대 도시의 풍경을 감상할 수 있고, 남아메리카에서는 마추픽추를 비롯한 여러 유적지를 통해 마야 문명과 잉카 문명 등을 둘러볼 수 있다. 또한 아메리카에서는 실로 위대한 자연도 느껴 볼 수 있다. 하얀 설산과 옥빛 호수가 펼쳐지는 로키 산맥, 하늘 아래 첫 번째 호수 티티카카 호수, 하얀빛이 눈부신 우유니 소금사막 등은 신의 손길이 느껴지는 곳들이다.

오세아니아는 태곳적 신비가 간직된 땅이다. 그리고 그 어느 대륙보다도 기후가 온화한 땅이다. 그래서 다른 대륙보다 많은 휴양지가 발달되어 있다. 호주의 금빛 해변 골드코스트와 트루먼이 꿈꾸던 낙원 피지, 그리고 고갱이 사랑한 타히티는 그 대표적 예이다.

이 책에는 이러한 세계문화유산들이 담겨 있다. 아무쪼록 이 책이 아시아, 아메리카, 오세아니아를 여행하려는 여행자들에게 조금이나마 도움이 되었으면 한다.

¤

2010년 남아공 월드컵으로 전 세계가 축구의 열정에 빠져 있을 때, 나는 배낭여행 20주년을 맞이했다. 스스로 자축하기 위해 '21세기북스'와 세계여행 책을 내게 되었다. 김찬삼 선생님이 내게 꿈을 준 것처럼, 나의 열정이 담긴 작은 책 한 권이 자라나는 청소년에게 또 다른 꿈과 희망을 줄 수 있다면 내 삶에 가장 큰 보람이 될 것이다.

2010년 6월 저자 이태훈

AMERICA

OSEANIA

일생에
한번은

꼭
만나야
할

곳

ASIA

일생에
한번은

실크로드의 방랑자들을 위한 오아시스 도시, 중국 '카슈가르'

타지크 언어로 '빙산의 아버지'란 의미를 가진 무스타크 봉7,509m

해발 3,600m에 위치한 카라쿨 호수.

무역의 도시 카슈가르에서는 중동에서 만들어진 양탄자들을 쉽게 볼 수 있다.

여행자들의 영원한 로망, 실크로드. 북경을 출발하여 난주와 둔황을 거쳐 천산 산맥을 따라 우즈베키스탄, 카자흐스탄, 타지키스탄, 투르크메니스탄, 키르키스탄 등 중앙아시아 5개국과 이란 북부 지역을 통과하여 이스탄불에 이르는 기나긴 길, 실크 로드. 오늘날은 낭만의 여행지가 되었지만, 사실 이 길은 과거 카라반들이 목숨을 걸 고 오갔던 대표적 무역 루트다.

중국의 신강위구르 자치구 남부에 있는 도시 카슈가르는 실크로드 위에 위치한 거점 도시이자 사막 한가운데의 오아시스 도시이다. 신라의 혜초 스님과 당나라의 현 장법사가 인도에 다녀올 때 이곳을 질러 서안으로 갔던 것으로도 유명한 이 도시는, 길고 험난한 실크로드의 중간 기착지로서 동·서양의 다양한 문화와 종교가 교류하던 곳이었다. 조로아스터교, 마니교, 불교, 기독교, 이슬람교 등 여러 종교가 충돌하면서 만들어 낸 다양한 문화유산들은 내내 베일 속에 감춰져 있다가, 20세기에 이르러 비로 소 세상 사람들에게 알려지기 시작했다.

하지만 실크로드가 세계에 공개된 것은 오히려 실크로드에 해가 됐다. 공개와 더불어 실크로드의 각 도시에서는 엄청난 약탈이 벌어졌다. 『실크로드의 악마들』의 저 자 피터 홉커크는 "20세기 초반부터 1930년 중국이 유물 반출을 금지할 때까지 약 30 년 동안에 스웨덴, 영국, 독일, 프랑스, 미국, 러시아 등 서양 열강들과 일본의 탐험가 들은 중앙아시아의 실크로드를 따라 그곳의 오아시스 도시에 묻힌 수많은 유물들을 아무런 양심의 가책 없이 빼내 갔다."고 밝혔다. 세계열강들이 유물을 훔쳐 가던 시기 에 카슈가르도 예외일 수는 없어서, 탐욕으로 가득 찬 장사치와 학자들에 의해 선현들 이 남겨 놓은 우수한 예술 작품들과 유의미한 유물들은 모두 사라졌다.

그러한 약탈을 통해 많은 것을 잃었음에도 카슈가르는 여전히 풍요로운 도시이 다. 동쪽으로 타림 분지, 서쪽으로 파미르 고원을 바라보고 있어 풍경이 아름다울 뿐 더러 기후가 건조하면서도 화창해 참외, 수박, 포도, 석류, 무화과 등 과일이 풍성하여 '과일의 고향'이라고도 불린다. 그런가 하면 독특한 자연 풍광과 무슬림들의 종교적 활동 덕분에 중국에서 가장 비중국적인 곳으로 꼽히기도 한다. 하늘의 푸른빛을 가득 품은 카라쿨 호수, 일 년 내내 하얀 눈을 볼 수 있는 해발 7,500m의 무스타크 설산, 세계에서 가장 척박한 불모지 타클라마칸 사막, 중국에서 가장 큰 이드 카흐 모스크 등은 카슈가르를 비중국적인 도시로 만드는 대표적인 것들이다. 최근 들어서는 이 지역에서 독립을 준비하는 대규모의 움직임과 시위가 잦아 티베트와 함께 중국 정부가 가장 다루기 힘든 자치구로 인식되기도 한다.

카슈가르에서 가장 재미있는 곳은 재래시장이다. 과거 실크로드 중간 기착지라는 명성답게 여전히 재래시장의 규모는 엄청나서, 인구 30만의 도시라고는 믿어지지 않을 정도다. 재미있는 것은 수천 년을 이어져 온 이 시장의 풍경이 마치 아랍의 재래시장을 닮아 있다는 것이다. 남자들은 무슬림을 상징하는 모자를 쓰고, 여자들은 히잡의 변형처럼 보이는 스카프로 머리와 얼굴을 가리고 다닌다. 또한 그들은 전통 중국인보다는 동서양이 묘하게 섞인 얼굴을 하고 있어 흥미롭다. 무엇보다 이곳이 아랍의 어느 도시 같다는 느낌은, 하루 다섯 번 울려 퍼지는 아잔의 코란 소리 때문이다. 소수의 한족을 제외하면 거의 대부분의 사람들이 이슬람을 믿는 이곳의 아잔 소리는, 여행자들에게는 무척 낯설지만 현지인들에게는 무척 익숙한 소리가 아닐 수 없다.

실크로드 한가운데 위치하여 카라반들에게 무역과 휴식의 장소를 제공했던 오아시스 도시, 카슈카르. 그 도시가 이제는 중국에서 가장 중국적이지 않은 풍경으로 여행자들을 설레게 하고 있다. 그러고 보면 카슈카르는 과거에나 지금이나 방랑자들의 발길을 잡아끌고 묶어 놓는, 진정한 방랑자들의 도시인 듯하다. ◻

청 건륭 황제의 후궁이었던 향비의 묘. 형형색색의 타일이 이슬람 건축의 백미를 보여준다.

카슈가르 중심에 자리 잡고 있는 이드카흐 모스크는 중국에서 가장 큰 규모를 자랑한다.
'이드카흐'란 '기념일에 예배 드리는 장소'를 의미한다.

중국 황산은 예로부터 구름이 바다를 이룬다 하여 '운산雲山'이라 불리었다. 바람의 기운을 머금은 운해雲海가 봉우리 사이를 흘러 다니며 기암괴석과 노송을 감추었다 드러내었다 하는 모습은 그 자체로 신비요 한 폭의 산수화다. 황산은 운해 외에도 기송奇松과 괴석怪石과 온천으로 유명하다. 그 아름다움 덕분에 황산은 여러 영화의 배경이 되기도 했다. 대나무 숲에서 주윤발과 장쯔이가 화려한 무술을 선보였던 〈와호장룡〉을 비롯하여 최근 돌풍을 일으켰던 제임슨 카메론의 3D 영화 〈아바타〉에도 황산이 배경으로 등장한다. 우리에겐 한 항공사의 광고에 '산은 올라갈 땐 남이지만 내려올 땐 친구가 되는 곳'이라는 카피와 함께 등장하면서 한층 더 친숙해졌다.

중국 남부 안후이성 남동부에 위치한 황산은 남북으로 40km, 동서로 30km의 땅 위에 펼쳐져 있는 산악 지대다. 해발 1,864m의 연화봉을 비롯 1,000m 이상의 봉우리만 72개이고, 그 외에도 3만여 개의 무수한 바위 봉우리가 있다. 계곡도 24개나 된다. 운해가 끼어 있는 날이 연중 200일이 넘는 황산은, 특히 비 그친 후 계곡 아래의 운해가 따뜻한 공기에 밀려 산 정상으로 올라가는 모습이 천하절경으로 꼽힌다.

현재 황산은 유네스코에 의해 세계자연유산으로 등재돼 있고, 한 해 150만여 명이 유람을 위해 이곳을 찾는다. 우리나라 설악산이나 금강산과 많이 닮아 있는 황산은, 깎아지른 듯한 기암괴석과 푸르디푸른 소나무, 그리고 바람에 춤을 추며 흩날리는 운무가 황홀한 비경을 만들어 낸다. 그야말로 신선의 세계가 펼쳐지는 황산에 올라서면 누구나 신선이요 시인이 된다.

황산의 등산 코스는 2가지로 나뉜다. 하나는 황산의 가장 큰 입구인 전산에서 출발해 천도봉, 옥병루, 연화봉, 광명정 등을 거쳐 서해와 북해를 가로질러 후산으로 내려오는 코스다. 다른 하나는 후산에서 운곡사, 백아령, 시신봉을 거쳐 북해로 향하는 코스다.

그중에서 황산의 백미는 서해대협곡이다. 황산의 숨은 비경 서해대협곡이 일반에 알려진 것은 덩샤오핑 덕분이다. 그는 1979년 76세 나이로 황산에 올랐는데, 그 때 이 협곡을 보고 감탄하면서 개발을 지시했던 것이다. 그 후 12년이라는 기나긴 시간의 설계와 9년간의 대공사를 거친 후, 2001년에야 비로소 완공되고 일반에 공개된 것이다. 서해대협곡은 그 전체가 세계문화유산으로 지정될 만큼 절경을 자랑한다. 협곡을 둘러싼 수백 수천 개의 봉우리마다 소나무가 화룡점정처럼 올라 있고, 그 봉우리 사이를 운해가 한 마리의 용처럼 신비롭게 굽이쳐 흐른다. 풍경에 감탄하는 것도 잠시, 보선교에 이르면 그 누구도 경악을 금치 못한다. 큰 바위를 뚫고 100m 허공에 만들어 놓은 다리, 보선교. 그 다리 위에 서면 협곡의 웅장함과 고도의 아찔함은 물론이요, 그런 곳에 인공 다리를 올려놓은 중국인들의 의지와 기술에 소름이 끼칠 정도다.

중국 명나라 시인 쉬샤커는 "오악五嶽에서 돌아오고 나면 볼 산이 없고, 황산에서 돌아오고 나면 오악을 볼 필요가 없다."고 말했다. 30년간 중국 각지를 떠돌았다는 그가 황산을 두고 극찬을 아끼지 않았던 것이다. 설마 그 정도일까 싶었는데, 막상 황산에 오르고 보니 오히려 그의 표현이 부족하지 않은가하는 느낌마저 든다. 정말이지 황산은, 중국 아니 천하제일의 명산인 듯하다. ◘

"황산에 오르고 나면 더 이상 오를 산이 없다"고 할 만큼 천하 절경을 자랑하는 중국의 황산.

위 | 손오공이 하늘을 날다가 복숭아를 한 입 먹고 버린 것이 돌로 변했다는 '비래석'
아래 | 유네스코 세계자연유산으로 등록된 황산의 아름다운 풍경.

서해대협곡에서 가장 빼어난 풍경을 볼 수 있는 보선교는 두 개의 큰 암석을 연결한 다리이다.

세계 최고의 야경으로 밤이 빛나는 도시, 중국 '홍콩'

신은 빛을 만들어 지구를 밝혔다. 붉은 태양빛으로 지구의 낮은 환하고 따뜻하다. 그 빛 속에서 만물은 생명력을 얻는다. 인간도 빛을 만들어 지구를 밝힌다. 화려한 네온사인으로 지구의 밤은 화려하고 황홀하다. 그 빛으로 도시는 어둠 속에서 활기를 되찾는다. 그 빛의 강도로야 태양에 비할 바가 못 되지만, 네온사인은 명실 공히 인간의 위대한 발명품이라고 할 수 있다. 화려한 네온사인으로 환하게 밝혀지는 도시의 야경을 볼 때마다 새삼 그 사실을 깨닫게 된다.

야경하면 홍콩을 빼놓을 수 없다, 미국의 라스베이거스와 함께 세계에서 가장 야경이 아름답다고 손꼽히는 홍콩은, 과거 영국령에 속했으나 1997년 6월 30일 자정 중국으로 반환되어 현재는 '중화인민공화국 홍콩특별행정구'가 되었다. 중국 남부의 인구 7천의 작은 섬에서 시작한 홍콩은 주장 강 하구의 동쪽 연안에 있는 홍콩 섬과 구룡 반도 및 그 밖의 섬들로 영역을 넓히면서 인구 7백만의 큰 도시로 성장하였다.

'향나무가 많은 항구'란 뜻을 가진 홍콩이 세계사에 등장한 것은, 아편전쟁으로 영국 식민지가 되면서부터다. 19세기 말 영국은 아시아 진출을 위한 거점 도시가 필요해 의도적으로 중국과 아편전쟁을 일으켜 전쟁을 승리로 이끈 다음 난징조약을 체결한다. 그 후 영국은 베이징조약과 청일전쟁을 통해 중국으로부터 홍콩을 할양 받은 후 홍콩을 99년간 지배하면서 세계 무역과 금융의 중심지로 성장시켰다. 영국 국기 유니온 잭 대신 붉은 오성기가 하늘에 휘날리고 있는 오늘에도 홍콩은 경제적인 면에서만큼은 과거의 명성을 그대로 이어가고 있다.

해질 무렵이면 도시 곳곳에 흩어져 홍콩의 아름다움을 감상하던 여행자들이 페리 선착장 주변과 빅토리아 피크 주변으로 모여들기 시작한다. 홍콩 야경의 진수를 보기 위해서다. 선착장 맞은편 고층 빌딩에서 뿜어져 나오는 불빛은 잘 정돈되고 세련된 도시의 이미지를 보여준다. 그 멋진 풍경을 안주 삼아 톡 쏘는 맥주 한 잔 들이켜고 나면 시원하게 불어오는 바닷바람에 한낮에 쌓인 피로가 깨끗이 씻겨 나가는 듯하다.

빅토리아 피크에서 바라보는 야경은 더욱 아름답다. 홍콩에서 가장 높은 554m 빅토리아 피크에 올라 빌딩 숲의 높은 스카이라인과 푸른 바다 그리고 네온으로 화려하게 빛나는 시내를 한눈에 조망하고 있노라면, 이제까지 본 야경이란 게 장난 같기만 하다. 이곳에서는 또한 우아한 저녁 식사도 즐길 수 있는데 재즈 레스토랑 창가에서 즐기는 저녁 식사와 아름다운 석양 그리고 화려한 야경은 그야말로 일품이다. 역시 홍콩의 밤은 아름답다.

홍콩은 쇼핑의 도시이기도 하다. 관세가 거의 없는 까닭에 세일 기간이면 세계적인 명품을 값싸게 구입할 수 있어 홍콩은 명품 애호가들의 사랑을 듬뿍 받는다. 일명 '황금의 1마일'로 불리는 나단 로드는 홍콩에서 가장 번화한 거리로서 아시아 최대 쇼핑센터인 하버시티를 비롯하여 오션 갤러리, 게이트웨이 등 큰 쇼핑센터들과 최고급 호텔들이 밀집해 있다. 집채만 한 광고판이 거리를 가득 메운 탓에 한낮에도 맑은 하늘을 제대로 볼 수 없을 정도다. 홍콩에서 제일 비싼 땅 난다 로드는 그 비싼 값을 증명이라도 하려는 듯 늘 수없이 많은 여행자들과 홍콩 시민들로 발 디딜 틈 없이 가득 차 있다. ▯

세계에서 야경이 가장 아름다운 홍콩은 그야말로 불야성의 도시이다.

위 | 붉은 돛대를 단 배가 푸른 바다를 가로지르며 아름다운 홍콩의 모습을 보여 준다.
아래 | 빅토리아 피크에 오르면 발 아래로 뾰족하게 솟아오른 고층 빌딩이 한눈에 내려다보인다.

시계탑이 위치한 곳은 구룡 반도의 중심이자 홍콩 섬을 건너가는 배를 타는 곳이다.
현재 이곳은 홍콩 최대의 번화가로 명성을 날리고 있다.

TOSHIBA
SPIRIT OF HK
SPIRIT OF SPORT
Season's
Greetings
Bank of Am

밤이 되면 스타 페리 선착장 주변은 홍콩의 야경을 보기 위해 몰려든 사람들로 인산인해를 이룬다.

‘불의 땅’에서 만나는 2천년의 역사, 중국 ‘투루판’
ASIA | 004 | CHINA

길게 늘어진 낙타 그림자가 인상적인 투르판.

　　지구상에서 가장 뜨거운 도시는 어디일까? 적도의 아프리카? 아니다. 답은 예상치 못한 곳에 있다. 바로 중국 서부의 신강위구르 자치구 투루판이다. 지난 2008년 투루판은 섭씨 47.8도를 기록하면서 가장 뜨거운 도시의 역사를 38년만에 다시 썼다. 기상청 기록이 그러할 뿐 투루판의 여름철 최고 기온이 70도를 웃돈다는 주장도 있다. '불의 땅' 투루판은 『서유기』에도 등장한다. 삼장법사 일행이 화염산의 불길 때문에 고초를 겪는 장면이 있는데 바로 그 무대가 투루판이다. 그나마 다행스러운 것은 이곳의 습도가 그리 높지 않다는 사실이다. 덕분에 50도에 육박하는 기온에도 불구하고 그늘 아래로만 들어가면 그 뜨거움을 잠시나마 피할 수 있다.

　　그런가 하면 투루판은 낮은 해발고도로도 유명하다. 순서로 치자면 이스라엘의 사해死海 다음에 해당하는데 해발고도 '−280m'를 기록한다. 투루판이란 이름도 위구르어로 '깊게 파인 땅'을 의미한다. 사람들은 이곳을 가리켜 '아시아의 우물'이라 부르기도 한단다. 지구상 가장 뜨거운 기온에 낮은 해발고도, 게다가 이곳의 강수량은 1년을 통틀어 채 10mm가 안 된다. 지형과 기후 모두 특이한 것들 투성이다. 하지만 말이 좋아 '특이하다'지, 실은 '척박하다'라는 의미와 거의 다를 바가 없다. 사람이 살아가기에 아주 어려운 '척박함' 말이다.

　　하지만 위구르족은 열악하고도 척박한 환경을 지혜롭게 이용하였다. 높은 기온과 건조한 날씨를 이용해 세계에서 가장 당도가 높은 포도와 멜론의 일종인 하미과를 생산해낸 것이다. 투루판을 여행하는 사람이라면 반드시 먹게 되는 이 두 과일은 이 지역의 특산물이다. 이곳의 특산물에는 면화까지 한 품목 더 추가된다. '투루판 분지의 보물'이라고 불릴 만큼 품질 좋은 이 상품들은 일찍이 실크로드 시대부터 거래되었다고 한다.

　　예로부터 이곳은 북서쪽으로 우루무치, 남서쪽으로 카슈가르와 연결되어 동·서양 실크로드의 중간 기착지로서 중앙아시아를 통과하는 분기점 역할을 해왔다. '투루판'이라는 지명도 15~16세기 이 일대 분지에서 크게 세력을 떨쳤던 투루판국과 그 도성의 이름에서 유래한 것이다. 이렇게 오랜 기간 중국 서역 지방의 정치, 경제, 문화의 중심지 역할을 해내면서 투루판은 우수한 문화 유적을 많이 축적할 수 있었다. 독특한 지형에 우수한 문화 유적까지 있어, 투루판은 늘 실크로드 여행의 거점도시가 된다.

투루판에는 두 개의 세계문화유산이 있다. 교하고성과 고창고성이 바로 그 주인 공들이다. 투루판 시에서 서쪽으로 10km 정도 떨어진 곳에 위치한 교하고성은 2,200년 전 차사국의 수도였다. 차사국은 6세기 초 이곳에 터를 잡았고, 당나라 시대 때 본격적으로 왕국의 모습을 갖추었다. 남북길이가 1km, 동서길이가 300m나 되는 성 내부에는 행정기구, 사원, 불탑, 상점, 서민 가옥 등은 물론 우물까지 있다. 성 안의 많은 건축물들이 14세기 몽골군의 침입으로 파괴되긴 했지만, 당나라 시대에 건축된 몇몇 건물들이 남아 1,000여 년이 지난 오늘날까지 옛 모습 그대로를 보여주고 있다. 교하고성이 이렇게 예의 모습을 지킬 수 있었던 데는 덥고 건조한 이곳의 날씨가 큰 몫을 했다. 일 년 내내 비가 거의 오지 않기 때문에 토성이 무너지지 않고 터줏대감처럼 자리를 지킬 수 있었던 것이다.

또 하나의 세계문화유산 고창고성은 현장법사가 인도로 불경을 구하러 갈 때 잠시 머물며 고창국 사람들에게 부처님의 가르침을 전파했던 유서 깊은 역사의 현장이다. 투루판 시내에서 남동쪽으로 40km 떨어진 곳에 위치한 이곳은, 교하고성보다 100년이 늦은 2,100년 전에 건설되었다. 기원전 104년 이광리는 키르기스스탄으로 천리마를 구하기 위해 진군하면서 시원한 물줄기를 찾아 헤맸다. 그러다 발견한 곳이 바로 이 고창고성 자리다. 고창고성 안으로 들어가면 4층 높이, 둘레가 700m 정도로 추정되는 궁궐, 면적이 1km²나 되는 불교 사원이 있다. 또한 마니교, 네스토리우스파 기독교인 경교 사원 등의 흔적이 있어 동서양 종교가 교류되었음을 보여준다.

중국 한가운데 위치한 지구상 가장 뜨거운 도시, 투루판. 실크로드 위에서 투루판이 자랑하는 포도와 하미과를 먹으며, 투루판에 간직된 2,000년 역사를 둘러보는 것이야말로 여행자의 가슴을 뜨겁게 달구는 가장 이색적인 여정이 되지 않을까. ☼

1777년에 완성된 소공탑은 이슬람양식의 독특한 탑이며, 신강자치구에서 가장 오래된 탑이다.

중국인과 완전하게 다른 피부와 눈을 가진 위구르 족.

위 | 지하 수로인 '카레즈'를 이용해 다양한 과일을 재배하는 위구르 족. 사진은 이들의 생활상을 보여주는 벽화
아래 | 서유기에서 삼장법사 일행이 화염산의 불길 때문에 고초를 겪는 사건의 무대인 화염산.

위 | 위구르 남자들은 이슬람식의 모자를 쓰고, 여자들은 스카프를 머리에 두른다.
아래 | 세계문화유산인 교하고성은 길이는 1650m이고, 폭은 300m의 오래된 고도이다.

아시아에서 만나는 포르투갈의 향기, 중국 '마카오'

마카오의 상징 세인트 폴 대성당은 1602년 예수회에 의해서 세워진 교회이다.

마카오 여행의 중심이자 가장 번화한 세나도 광장.

SANTA CASA DA MISERICORDIA
仁
中 慈 堂

한국 천주교 최초의 신부였던 김대건. 그가 칼레리 신부로부터 신학을 비롯한 서양 학문과 프랑스어, 중국어 등을 배웠던 곳, 마카오. 마카오로 가기 위해 김대건 신부는 죽음을 담보로 한 7달의 험난한 여정을 거쳐야 했다. 당시 중국만도 상당히 낯설었을 텐데, 마카오는 오죽했으랴. 포르투갈 식민의 역사 덕분에 아시아보다는 유럽에 가까운 향기가 났던 마카오. 그 낯선 풍경에 김대건 신부는 얼마나 놀랐을까.

김대건 신부가 장장 7개월에 걸쳐 도달했던 마카오는 이제, 비행기로 단 몇 시간이면 닿을 수 있는 가까운 도시가 되었다. 또한 그에게 가톨릭의 도시였던 마카오는 이제, 아시아와 유럽의 문화가 혼재된 독특한 분위기의 도시 혹은 카지노의 명성이 자자한 관광 도시로 탈바꿈하였다.

서울 종로구보다 면적이 약간 넓은 큰 마카오는 인구 50만의 작은 도시이다. 마카오라는 지명은 1553년 포르투갈 선원들이 젖은 화물을 말리기 위해 머물렀던 '아마가오' 항구에서 유래한다. 중국인들은 마카오를 '아오먼'이라 불렀으며, 지난 1999년 12월 포르투갈령에서 중국으로 반환 된 뒤부터는 '호우콩', '호이캉'으로 부르기도 한다.

마카오에 처음으로 유럽 문화가 전해진 것은 1550년대 포르투갈 무역상들에 의해서였다. 원래는 중국의 광동 지방의 농민들과 복건 지방의 어민들이 살고 있었는데, 이들이 드나들기 시작하면서 마카오는 중계 무역항으로 성장하였다. 중계 무역을 통해 마카오는 많은 부를 축적하였지만, 한편으로는 그 좋은 전략적 위치 때문에 고난한 역사를 보내야 했다. 유럽 열강들이 전략적 요충지로서 마카오를 호시탐탐 노리면서 전쟁이 끊이질 않았기 때문이다.

마카오의 구시가지는 세계문화유산으로 지정되어 있다. 구시가지에는 포르투갈의 문화가 오롯이 남겨져 있는데, 가장 먼저 눈에 들어오는 것은 세나도 광장의 검고 흰 돌바닥이다. 파도 문양의 이 돌들은 포르투갈로부터 공수한 것이라고 한다. 세나도 광장 주변으로 들어선 노란 빛깔의 건축물들은 또 얼마나 이국적인지. 이곳이 마카오가 아닌 포르투갈의 리스본이 아닌가 하는 착각마저 일으킬 정도다. 450여 년에 걸쳐 중국 문화와 포르투갈 문화가 공존을 이루며 발전해 온 마카오는, 진정 동서양의 문화가 조화롭게 혼합된 아시아의 보석이다.

그런가 하면 마카오는 '동양의 라스베이거스'이기도 하다. 바로 카지노 때문이다. 마카오에서 도박이 시작된 시기는 대략 180년 전으로 거슬러 올라간다. 18세기 제국주의의 넘쳐나는 식민 자본을 바탕으로 마카오는 도박의 도시로 변했다. 당시 도박이 얼마나 성행했는지는 '여인의 거리'를 통해서 알 수 있다. 과거 외국 선원들과 중국 상인, 매춘부로 시끌벅적했다는 이 거리에는 전당포 박물관이 있는데 이곳에는 여자를 맡아 두는 곳이 있었다고 한다. 도박에 미친 남편이 아내를 담보로 도박을 하고 빚을 갚지 못하면 그 아내는 이 거리 한 귀퉁이에 있는 술집에 팔려 고단한 인생을 살아가야 했던 것이다. 그러다가 60여 년 전부터는 합법적으로 카지노가 운영되기 시작하였고, 현재 99개의 카지노가 정부의 감독 하에 운영되고 있다.

아시아의 한복판에서 유럽의 향기를 느낄 수 있는 마카오는, 그래서 너무나도 매력적인 관광지이다. 한때 도박과 환락의 도시에 불과했던 이곳이 이제는 세계문화유산에 등록된 세계적인 관광지로 발돋움하고 있다. 덕분에 여행자는 행복하다. 중국과 프랑스를 오가며, 과거와 현재를 오가며, 공간 여행과 시간 여행을 한 번에 할 수 있으므로. 그 신나는 여행에 마카오의 명물 에그타르트를 곁들여 보자. 여행의 달콤함이 배가 될 테니. ¤

'동양의 라스베이거스'라는 별칭답게 마카오는 밤이면 화려한 네온사인이 도시를 뒤덮는다.

338.8m의 높이를 자랑하는 마카오 타워.

마르코 폴로를
놀라게 했던 도시, 중국 '베이징'
ASIA | oo6 | CHINA

15세기에 건축된 자금성은 560여 년간 15명의 명나라 황제와 9명의 청나라 황제가 머물렀던 궁궐이다.

　　베이징만큼 오랜 역사를 자랑하는 수도가 또 있을까. 베이징은 춘추 전국 시대 연의 수도였다. 기원전 4세기로 거슬러 올라가는 역사 속에서부터 수도로서 등장하는 것이다. 이후 요·금·원·명·청의 시대를 통해 북방의 정치문화경제의 중심으로 자리하였고, 1949년 중화인민공화국의 수립과 함께 오늘날 중국의 수도가 되었다. 현재는 중국의 급성장과 2008년 베이징 올림픽 성공에 힘입어 국제적인 도시로 발돋움하고 있다.

　　이탈리아 베네치아 출신의 마르코 폴로는 1271년부터 1295년까지 원나라의 수도였던 베이징에서 25년 동안 머무르면서 경험한 바를 『동방견문록』에 기록하였다. 내용의 진실성 여부는 여전히 논란이 많지만, 이 책은 동방의 문화를 서방에 전하는 계기인 동시에 당시 '칸발리크'라 불렸던 수도 베이징의 옛 모습을 설명하는 중요한 자료이기도 하다. 특히 도시 계획으로 시가지가 바둑판 모양으로 잘 정비되어 있었다든가, 수도와 지방을 잇는 교통망이 발달했다거나, 지폐가 유통되고 석탄을 연료로 활용했다든가 하는 내용들은 베이징이 얼마나 앞서가는 도시였는지를 증명한다.

　　베이징의 장대한 역사는 『동방견문록』에만 있는 게 아니다. 베이징 곳곳에서 만나게 되는 명소들에 그 오랜 숨결이 담겨 있다. 그 명소들이 베이징의 정통성과 정체성을 말해준다. 베이징 중심에 위치한 천안문 광장, 중국 황제들의 삶의 애환이 스며 있는 자금성, 만리장성, 천단, 명 13릉, 이화원 등 베이징에는 놀라운 문화유산들이 가득하다. 그것을 보기 위해 중국 각지 그리고 세계 각지에서 사람들이 모여들고 있다. 개방정책과 올림픽 이후 확실히 베이징은 달라지고 있지만 아직 사람들의 호기심은 그들의 문화유산에 머물러 있는 듯하다.

　　천안문 광장은 우리에게도 아주 익숙하다. 중국 공산주의에 반기를 든 민주화의 성지로 각인되어 있는 것이다. 하지만 원래 이 광장은 명나라 시대 때 조성된 자금성의 일부였다고 한다. 광장 한가운데 대청문이라는 큰 문이 하나 있었는데 없어지고, 지금은 그 자리에 중국인이 가장 존경하는 마오쩌둥의 시신이 모셔져 있다. 이곳에 들르는 중국인의 십중팔구는 바로 이 마오쩌둥의 흔적을 더듬기 위해 온다고 해도 과언이 아닐 게다. 또한 천안문 광장에서는 매일 아침이면 오성기가 게양된다. 그 광경이 어찌나 엄숙하고 경건한지, 새벽이면 이를 구경하기 위해 모인 중국인들로 문전성시를 이룬다.

1420년에 완공된 자금성은 그야말로 세계에서 가장 큰 궁궐이다. 14년 동안 100만여 명의 장인들의 손을 거친 황제의 궁은, 인간의 언어로는 형언할 수 없을 만큼 압도적인 모습이다. 왜 이곳이 세계문화유산으로 지정됐는지 단박에 이해가 갈 정도다. 귀족적이고 우아한 품격을 지닌 자금성은 1911년 청나라의 마지막 황제 선통제가 물러나기까지 24명의 명·청 황제가 머물렀던 황궁이다. 두께 6m가 넘는 오문을 지나면 나무 한 그루 없는 자금성의 내부가 일직선으로 펼쳐진다. 나무를 심지 않은 이유는 황제의 신변을 보호하기 위해서였단다. 자객이 성 내부로 침입할 경우 벽돌로 쌓은 바닥에서는 경쾌한 소리가 나게 했을 뿐만 아니라, 나무 한 그루 없어 자객이 숨을 곳이 없게 만든 것이다.

만리장성은 베이징이 간직한 또 하나의 역작이다. 위성에서 보인다 안 보인다를 가지고 늘 토론 무대 위에 올랐던 베이징. 마오쩌둥은 "남자로 태어났다면 만리장성을 꼭 한 번 올라보라."고 말했다. 2,700km의 엄청난 길이를 자랑하는 만큼 만리장성은, 베이징에만 있는 것은 아니다. 가욕관에서는 만리장성의 서쪽 부분을, 산해관에서는 동쪽 부분을 볼 수 있다. 하지만 만리장성을 관람하기에 가장 좋은 곳은 바로 베이징이다. 수도를 방어하기 위해 건설된 팔달령 장성, 거용관 장성, 사마대 장성 등이 중국 만리장성 중에 가장 완벽하게 보존되어 있고, 그 경치 또한 빼어나기 때문이다. 과거에는 북방 이민족의 침입을 막기 위해 지어 놓은 이 성이, 이제는 세계의 관광객들의 침입(?)을 기꺼이 받아들이고 있으니, 그것 참 역사의 아이러니가 아닐 수 없다.

그 이외에도 중국 황실의 여름 별장이자 서태후의 왜곡된 열정이 담겨 있는 세계문화유산 이화원, 황제가 풍년을 기원하며 하늘에 제를 올렸던 천단 등도 관광객들

명·청나라 황제들이 매년 제사를 지내고 풍년을 기원하던 천단.

이 둘러볼 필수 코스다. 왕 푸징 거리와 후통 거리를 둘러보는 건 여행자들에겐 신선한 경험이 될 것이다. 중국의 장대안 역사를 만한전석으로 즐긴 후 먹게 되는 달콤한 후식이랄까. 베이징의 현재를 보여 주는 초현대적인 왕 푸징 거리와 베이징 시민들이 축적해 놓은 오랜 삶이 담겨 있는 전통의 후통 거리는, 베이징의 현재와 과거를 동시에 볼 수 있는 멋진 코스가 될 것이다. ¤

위 | 2008년 지구촌 대축제가 열린 베이징 메인 스타디움. 이 스타디움은 '새둥지'를 의미하는 '냐오차오'라는 별칭을 갖고 있다.
아래 | 푸른색으로 덮여진 워터큐브는 올림픽 경기장들 중 가장 아름답기로 유명하다.

위 | 세계문화유산에 이름을 올린 황실 정원. 이화원은 서태후가 여름 내내 별장으로 사용했던 곳이다.
아래 | 중국을 대표하는 세계문화유산 만리장성. 만리장성은 강력한 통일 국가를 염원한 진시황의 꿈과 열정이 스며 있는 곳이다.

진시황의 무서운 집념과 현종의 아름다운 로맨스가 있는 도시, 중국 '서안'

1974년 중국의 한 농부가 우물을 파다가 우연히 발견한 병마용갱. 불멸의 생을 꿈꿨던
진시황은 사후에 자신의 무덤을 지키게 하려는 목적으로 병마용갱을 만들었다.

　　중국 산시성의 성도 시안. 고대에는 '창안'이라는 이름으로 불렸던 시안은 황하강 유역에서 발달한 고대 문명의 발상지이자 세계 4대 문명의 발상지이다. 또한 3,100년 동안 서주, 진, 전한, 그리고 당 등 총 13개 왕조, 73명 황제가 1,062년 동안 수도로 삼았던 곳이기도 하다. 그래서 시안은 수많은 중국 왕조의 흥망성쇠를 지켜본, 살아 있는 역사 교과서에 다름 아니다.

　　또한 시안은 동양과 서양을 잇는 실크로드의 출발지이자 종착지로서 세계의 문화 교류와 문명 발전에 막대한 영향력을 행사했다. 전한 시대 세계 최초로 개척된 실크로드의 발달은 시안을 세계의 중심 도시로 성장시켰으며, 동·서양의 모든 사상과 문화가 이곳에 모여 새로운 역사를 빚어 냈던 것이다. 중국의 비단과 도자기는 시안을 통해 이탈리아, 페니키아, 페르시아 등으로 흘러갔고, 서양의 금, 코발트, 조로아스터교, 가톨릭교, 이슬람교 등은 시안을 거쳐 일본에까지 전해졌다.

　　당나라 때 '장안'으로 알려진 시안은 당시에도 인구 100만 명이 넘는 대도시였다. 역사도 규모도 타의 추종을 불허하는 도시였던 셈이다. 그 규모와 역사 덕분에 시안은, 땅을 3m 파면 당나라 유물이, 5m를 파면 한나라 유물이, 9m를 파면 진나라 유물이 나온다는 말이 있을 정도다. 그야말로 도시 자체가 역사 박물관이요, 역사의 보고인 것이다. 현재 발견되어 공개된 것만 해도 국보급 문화유물 41개, 성급 문화재 65개, 문화재 관광지가 3,000개에 달한다.

　　시안의 산재한 유적과 유물 중에서 압권은 진시황의 병마용과 양귀비의 별장 화청지다. 시안에 '1남 1녀'라는 애칭을 선사한 이 두 유물은 그 규모와 화려함이 월등하다. 우선 1남에 해당하는 병마용은, 진시황의 열정과 집념 그리고 수많은 사람들의 피와 땀 그리고 죽음이 만들어 낸 역사적 유물이다. 지하 군사 박물관을 연상케 하는 병마용은, 흙으로 빚은 실물 크기의 병사와 말들이 지하의 3개 기단 위에 열을 지어 서서, 동쪽에 있는 황제의 묘를 지키고 있는 형식으로 되어 있다. 1974년 한 농부가 우물을 파다 우연히 도용의 머리를 발견하면서 세상에 알려지게 된 이곳은, 현재까지 7개의 갱이 발굴되었으며 일반인에 공개되고 있는 곳은 모두 3개다. 이 중에서 가장 보존 상태 좋고 규모가 가장 큰 1호 갱은 6,000여점의 도용陶俑, 도마陶馬, 전차 40여 점 등이 있는데 옛날 진나라 시절 100만 대군이 출전을 앞둔 모습을 하고 있다.

시안의 1남 병마용이 인간이 만들어 놓은 웅장한 유물이라면, 시안의 1녀 화청지는 자연이 만들고 거기에 인간이 화려함을 더한 유적이라 할 수 있다. 시안에서 30km 떨어진 리산 산기슭에 위치한 화청지는, 당나라 현종과 양귀비의 로맨스가 담긴 황실 온천장이다. 당나라 현종은 이곳에 어마어마한 재산을 쏟아 부어 호화판 궁을 지으면서 그 이름을 '화청궁'이라 하였고, 양귀비에게는 '해당탕'을 지어 선물했다. 현종이 통치 기간 41년 동안 36번이나 찾았다는 이곳은 현재, 중국 100대 정원에 등재되었으며 국립 문화유산 보호대상으로도 지정되어 있다.

1남 1녀를 제외하고도 시안에는 꼭 들러봐야 할 곳들이 너무나도 많다. 대안 탑은 중요한 종교 건축물이다. 7세기 중엽, 당나라의 고종 황제가 현장법사가 인도로부터 가져온 650권의 불경을 모시기 위해 세운 탑이다. 처음에는 5층짜리로 지어졌지만 701년과 704년에 걸쳐 5층이 더 올려졌다가, 외적의 공격으로 3층이 무너졌다. 그 결과 현재는 64m 높이의 7층짜리 탑으로 남아 있다.

산시 역사 박물관도 꼭 들러봐야 한다. 서안 남쪽 교외, 대안 탑 북서쪽에 위치한 산시 역사 박물관은 고대 문명의 전시장 같은 곳이다, 총 37만여 점의 유물이 시대별, 종류별로 전시되어 있는 이 대형 박물관은, 크고 고전적인 박물관 외형으로도 유명하다. 1991년 일반에게 공개된 이곳은 총 면적 65,000평방미터에 당나라 양식을 그대로 살려 만든 건축물들이 들어서 있으며, 정 중앙의 본관을 중심으로 다양한 높이의 별관들이 질서정연하게 배치되어 있다. 검정, 하양, 회색을 주조 색으로 사용한 건물들은 웅장하면서도 간결한 미를 자랑한다.

시안은 고대 문명 발상지로서, 세계 문화 교류의 교두보로서, 그리고 중국 여러 나라의 중심 도시로서, 인류의 기원과 중국의 기나긴 역사와 세기적 로맨스를 간직한

곳이다. 진시황의 무서운 집념을 확인할 수 있어 놀랍고, 양귀비를 향한 현종의 사랑
을 느낄 수 있어 낭만적인 시안, 그곳에서의 여행은 언제나 즐겁다. ○

중국 4대 미인 중 한 명인 양귀비와 당 현종의 아름다운 사랑이 녹아 있는 화청지.

당나라 시대 현장법사는 인도에서 가져온 불상과 불경을 보존하기 위해 대안 탑을 세웠다.

당나라 시대에는 얼굴이 통통한 여자가 미인이었다고 한다.
아마 양귀비 얼굴도 이렇게 통통하지 않았을까.

객가족의 삶이 담긴 흥미로운 세계문화유산 토루, 중국 '영정'

4개의 원형과 1개의 사각형 토루가 인상적인 난징 토루군.

　　지난 2008년 세계문화유산 총회에서 복건성의 토루 土樓는 만장일치로 유네스코 세계문화유산이 됐다. 심사위원들은 "복건성의 토루는 아시아 특유의 씨족 문화와 높은 건축 기술 그리고 독특한 건축 구조가 세계문화유산으로 손색이 없다."고 말했다. 하늘에서 내려다보면 삼삼오오 모여 있는 모양이 마치 도넛 같은 토루는, 심사위원들의 말마따나 광활한 중국에서도 가장 이색적이고 흥미로운 가옥 구조다.

　　세계문화유산으로 지정된 46채의 토루를 비롯, 남정·영정·화안 등을 중심으로 형성된 3,000여 개의 크고 작은 토루를 보려면 중국 하문에서 차를 타고 3시간 남짓 달려가야 한다. 토루란 중국의 객가족이 만들어놓은 가옥 형태를 말하는데, 일반적으로 원형 혹은 사각형 모양으로 폐쇄적인 형태를 보여준다. 토루는 저마다 '무슨무슨 루'라는 이름을 갖고 있는데, 이것은 각기 성이 다른 하나의 집성촌이라고 이해하면 된다. 중국 5대 민가 건축 양식 중의 하나로 꼽히는 토루는 769년 당나라 때 하나둘씩 생겨나기 시작해 송·원 시대를 거쳐 복건성 남서부에 우후죽순처럼 들어섰다. 현재 남아 있는 대부분의 토루는 명나라 때 건축된 것이고, 지역에 따라서는 1,000여 년이 넘는 토루도 있다.

　　토루의 독특한 구조는 보온과 방풍과 안전에 탁월한 기능을 하는 한편, 객가족의 폐쇄적인 문화와 생활 습관 유지에 큰 몫을 했다고 한다. 객가족은 한족의 한 갈래로, 남송 시절 정치적인 문제로 고향을 떠나 복건성 산속으로 이주하면서 동그란 토루를 짓고 살기 시작했다 한다. 그들은 자신들의 고유한 문화를 유지하고 적으로부터 자신들을 보호하기 위하여 외벽을 견고하게 구축하면서 철옹성 같은 가옥을 완성했다. 그래서 토루의 특징 중 하나가 들어가는 문이 하나밖에 없는 것이다. 또한 침실에는 창문이 있는데, 환기의 목적도 있지만 밖을 감시하거나 적이 침입했을 때 활을 쏘기 위한 목적도 있었다.

　　보통 직경 40~60m의 원형 토루에 250명에서 800명에 이르는 인구가 살 수 있었다고 하는데, 이 토루에는 거주민들을 위한 편의 시설이 완벽하게 갖춰져 있다. 보

위 | 1880년 은 20만냥으로 지은 복유루는 세계문화유산으로 지정된 토루이다.
아래 | 토루의 벽돌과 기와에는 객가족의 삶에 대한 애정이 묻어 있다.

영정에서 가장 독특한 토루군이 모여 있는 초계 마을

통 3~5층 구조로 건축된 토루에는, 1층에 부엌과 식당이, 2층에 창고, 3층 이상에 주거를 위한 침실이 있다. 토루 내부 한가운데는 씨족의 각종 행사를 할 수 있는 공간과 학교와 사당 그리고 손님들이 머물 수 있는 객실 등도 마련돼 있다. 특징적인 것은 마당 곳곳에 우물이 있다는 것이다. 지금도 객가족들은 이곳에서 물을 길어 밥을 짓고 빨래를 하고 있는데, 바로 이 우물 덕분에 외부와의 전쟁시 고립되어 있으면서도 살아남을 수 있었다고 한다.

토루는 그 자체로 하나의 작은 집성촌 사회를 이루면서, 객가족들의 공동체 의식을 높이고 고유한 전통을 사수하는데 큰 역할을 했다. 객가족들은 교육은 물론 혼례까지도 모두 이 한 토루 안에서 해결했다. 특히 혼례의 경우 3대 이상이 지나야 같은 성끼리 혼례를 치를 수 있도록 하여 근친상간에 대하여 나름의 지혜를 발휘하기도 했다.

토루가 매력적인 가장 큰 이유는, 그 전통적인 가옥 구조 속에서 여전히 사람들이 살아가고 있다는 것이다. 그래서 우리가 복건성에서 만나는 토루는, 껍데기만 남은 낡은 건축 양식이 아니라 그곳에서 이어져 온 수천 년 인간의 역사, 그리고 객가족들의 진짜 삶을 의미한다. 선조가 남겨온 훌륭한 문화 위에, 평화로이 차밭을 가꾸면서 살아가는 객가족의 삶은, 그 가옥 구조보다 더 훌륭하고 위대한 세계문화유산이다. ♡

둥근 원형 토루 내부는, 가장 가운데 마을 사당과 회관이, 그 주변으로 학교와 같은 공공건물이,
그리고 가장 외곽에 일반인들의 가옥과 창고가 있는 구조로 되어 있다.

중국의 상술이 스며들지 못한 묘족과 토가족의 삶의 터전, 중국 '봉황고성'

　　중국 후난성에 자리한 봉황고성은, 묘족과 토가족의 중국 소수 민족이 자신들의 고유한 전통을 지키며 살아온 삶의 터전이다. 마을 한가운데를 가로지르는 타 강과 그 위에 놓인 홍교 그리고 오래된 수상 가옥으로, 천년 고도 봉황고성은 안휘성, 절강성, 여강 고성과 함께 중국 4대 고성으로 꼽힌다. 문명의 이기가 아직 미치지 못한 이곳은 청나라의 문화가 고스란히 남아 있어 여행자들의 호기심을 강하게 자극한다.

　　장가계에서 차로 4시간 정도 거리에 있는 봉황고성은 험한 산과 계곡을 지나야만 만날 수 있는 오지 중의 오지다. 외부 세계와 철저하게 단절되어 있었던 봉황은 60여 년 전 이곳 출신의 문학가이며 역사학자인 심종문의 소설 『변경도시』에 등장하면서 세상에 알려지게 되었다. 우리에게는 아주 이색적인 바둑 대결로도 알려져 있는데, 지난 2003년 이곳에서 열린 '남방장성 한중초청 무림대결'에서 조훈현 9단과 창하오 9단이 세계 최대의 바둑판을 앞에 두고 멋진 승부를 펼쳤던 것이다. 이날 대회는 남방장성의 안마당 3백 평에 160여 톤의 돌을 들여 만든 바둑판과 361명의 소림 무술 제자들이 흰 옷과 검은 옷을 입고 대신한 바둑알로 세계의 이목을 집중시켰다. 누각에서 조훈현 9단과 창하오 9단이 바둑을 두면 소림 무술 제자들이 같은 자리로 잽싸게 이동해 2만여 명의 관중을 즐겁게 했다.

소수민족 묘족과 토가족이 4,000년간 살아온 봉황고성은 예로부터 산수가 수려하고 인심이 좋아 바람도 구름도 쉬었다 갔다는 소박한 농촌 마을이었다. 춘추 전국 시대에는 초나라 땅이었고, 당나라 시대 '웨이양현'으로 불리다가 청나라에 이르러 '봉황'이란 지명을 얻었다 한다. 오랜 역사답게 봉황고성에는 볼거리가 가득하다.

우선 청나라 강희 39년에 지어져 300년 역사를 자랑하는 성곽이 있다. 이 성곽은 그 보존 상태가 완벽할 뿐더러 이 성곽을 따라 북문인 벽휘문을 지나면 봉황의 젖줄 타 강이 시원하게 펼쳐져 많은 여행객들이 찾는다. 그 타 강 양옆으로는 수상 가옥 조각루가 서로 어깨를 나란히 하고 있다. 강 위에 놓인 홍교에는 사람들의 발길이 끊이질 않는다. 명나라 때 축조된 홍교는 청나라 강희 9년에 보수된 뒤 지금까지 전해지고 있는 명품 다리이다. 타 강의 남북을 이어 주는 홍교 위에는 전망대와 전시실, 상점 등이 들어서 있다.

또한 타 강 오른편 수상 가옥에는 이 도시가 낳은 세계적인 예술가 황용위의 화실 탈취루와 소설가 심종문의 생가가 있다. 150년 역사를 가진 심종문의 고택은 전형적인 청나라 말기의 건축 양식으로 지어진 건물이다. 일반인에게도 개방되는 이곳에는 심종문과 관련된 책과 유물들이 깔끔하게 정리되어 있다.

봉황고성 근처에는 성벽 길이가 190km에 이르는 남방장성도 있다. 남방장성은 약 400여 년 전 청나라에 복종하지 않는 토가족과 묘족을 격리시킬 목적으로 쌓은 성벽이라고 한다. 북방의 만리장성에 비해 규모는 그리 크지 않지만 높이 3m의 성벽과 전망대, 초소, 봉화대, 종루 등이 있어 볼거리가 풍성하다. 그 중 최고의 볼거리는 바로 봉황고성의 전경이다. 가파른 성곽의 계단을 따라 산 위로 올라가면 봉황고성의 고풍스러운 전경이 펼쳐진다. 중국 4대 고성이면서도 아직 중국의 상술이 깊게 파고들지 못한 봉황고성. 그래서 봉황고성에선 진짜 중국을 만난 듯하다. ¤

바람도 잠시 머물다 간다는 봉황고성은 너무나 평온하고 아늑하다.

토가족 할머니가 작은 베틀을 이용해 수공예품을 만들고 있다.

이슬람의 남자들이 머리에 두르는 터번처럼 토가족 여인들은 검은색 천으로 머리 전체를 감싼다.

함박눈을 맞으며 온천을 즐기다, 일본 '아키타현'

창문 틈새로 찬바람이 새어 들어오기 시작하면 따뜻한 아랫목이 몹시 그리워진다. 뜨끈한 물에 몸을 담그고도 싶어진다. 그럴 때 일본으로 온천 여행을 떠나 보는 것은 어떨까. 활발한 화산 활동으로 일본엔 유난히 온천이 많다. 우리나라와는 달리 남녀 혼탕도 많고, 규모는 작지만 자연 속에서 온천을 즐길 수 있는 노천탕도 많다.

그중에서도 혼슈 북서부에 위치한 아키타현은 일본 내에서도 물 좋기로 소문난 온천 관광지이다. 아키타현의 전체 인구는 120만에 불과하지만 온천을 즐기기 위해 방문하는 인구의 숫자는 수백만에 이른다고 한다. 도쿄에서 600km 떨어진 이곳은, 초고속 신칸센 열차를 타면 4시간 만에 도착할 수 있기 때문에 도쿄인들의 1박 2일 관광 코스로 각광받고 있다. 현재 아키타현 안에는 14개의 온천 지구에 100개가 넘는 온천장이 들어서 있다.

뉴토 온천 지구는 아키타현에서도 으뜸으로 치는 온천 지구이다. 다리를 다친 학한 마리가 노천탕에서 치료됐다고 해서 '학의 탕'이라고 불리는 뉴토 온천 지구는 인공적인 시설 하나 없이 자연 그대로 만들어진 노천탕이다. 뉴토 온천 지구에는 총 8개의 온천장이 있는데, 모두가 하나같이 일본의 토속적인 모습을 하고 있다. 이곳이 매력적인 이유는 자연 때문이다. 삼나무와 소나무 등 상쾌한 삼림 향기를 맡으며 따뜻한 물에 몸을 맡기고 있노라면 해묵은 삶의 찌꺼기들이 모두 녹아 내려가는 느낌이다. 만약 거기에 눈까지 내려준다면 금상첨화. 그 환상적인 기분이야 말로 표현할 수 있으랴.

다마카와 온천 지구 역시 아키타현의 핵심 온천 지구다. 일본 환경청이 지정한 국민 보양 온천지이자 유황 냄새가 코를 자극하는 다마카와 온천은 도와다하치만타이 국립공원 내부에 구름도 쉬어갈 만큼 높고 깊은 곳에 위치하고 있다. 예로부터 건강에 좋은 온천지로 알려져 있어 현지에서는 이곳을 '명탕'이라 부르기도 했다. 다마카와 온천은 98도의 뜨거운 물을 한 시간에 9,000리터를 뿜어내며 한 번에 700여 명의 온천객을 수용할 수 있는 대단한 규모를 가졌다.

일본의 온천수에는 다량의 라듐과 강한 산성의 염산이 많이 포함되어 수水치료법에 탁월한 효능이 있다고 정평이 나 있다. 하지만 과유불급, 좋은 것도 지나치면 오히려 역효과가 나는 법이다. 온천도 심하게 하면 탈진과 함께 부작용이 발생하는데, 일본에서는 이를 가리켜 '유아타리'라고 한다. 그래서 온천을 즐기는 바람직한 방법은 탕 속에 20여 분 몸을 담갔다가 나왔다가 반복하는 것이다. 또한 온천욕에는 생각보다 많은 칼로리가 소모되기 때문에 물속에 오래 있으면 어지럼증을 느끼거나 탈진을 하게 된다. 이럴 때는 음료수나 간단한 음식 또는 잠깐의 휴식을 취하는 것이 건강에 좋다.

온천을 마친 후에는 아키타현의 토속 음식을 즐겨보자. '키리탄포나베'는 아키타현의 대표 음식이자 가장 인기 있는 음식이다. 키리탄포나베는 햅쌀을 으깨어 대나무 꼬챙이에 휘감아 숯불에 살짝 구운 뒤, 이것을 간장 양념한 닭고기의 국물에 파, 미나리, 마이타케라 버섯과 함께 익혀서 먹는 음식이다. 담백한 맛을 자랑하는 키리탄포나베를 먹고 나면 세상 부러울 것이 없어진다.

자연 경관이 수려한 노천탕에서 온천욕을 하고 아키타현의 토속 음식을 먹고 나

깊은 산 속에 위치한 노천탕은 아키타 온천 여행의 백미이다.
하얀 눈을 맞으며 노천에서 즐기는 온천은 형언하기 힘들 만큼 매력적이다.

노란색의 유황이 흘러나오는 아키타의 뉴토 온천.

면, 온갖 피로는 물러가고 편안한 잠이 스르르 밀려온다. 그런 몸을 뉘이기에 일본 전통의 다다미방은 안성맞춤이다. 온돌 문화가 없는 일본에서는 난로 문화가 발달하였는데, 이 다다미방 한가운데에도 숯불을 가득 채운 난로가 놓여 있어 방에 훈훈한 기운을 더한다. 창밖으로는 감자만 한 함박눈이 소복소복 내리고, 난로 위에 놓인 차 주전자에서는 하얀 김이 모락모락 피어난다. 그 낭만적인 풍경을 뒤로 하고 한결 가벼워져 있을 다음 날을 기대하며 여행객은 스르르 잠이 든다. ¤

위 | 아키타 오가반도에서는 겨울이면 한 해 농사를 기원하는 다채로운 행사가 열린다.
아래 | 유황 온천의 대명사인 뉴토 온천. 하지만 유황가스를 너무 오래 마시면 몸에 해롭다고 한다.

아키타 지역의 별미인 키리탄포나베.

<철도원>의 평화로운 풍경을 만나는 여행, 일본 '후라노'

눈이 내리면 후라노는 한 편의 그림 같은 설국이 된다.
사진은 후라노 지역에서 가장 아름다운 크리스마스트리 나무.

눈과 나무 외에는 아무 것도 보이지 않는 후라노는 세상에서 가장 아름다운 설경을 선사했다.

일본 최고 배우 다카쿠라 켄이 주연한 영화 〈철도원〉. 다카쿠라 켄이 분한 주인공 오토는 호로마이 역을 지키는 철도원으로, 기차역을 지키느라 사랑하는 아이의 갑작스런 죽음도 사랑하는 아내의 임종도 지켜보지 못했다. 한 가정의 가장이고 한 여자의 남편이지만, 그보다는 철도원으로서의 역할을 더욱 충실히 했던 오토. 다카쿠라 켄의 연기가 너무 실감났던 때문일까? 아니면 눈이 가득한 호로마이 역의 아름다운 풍경 때문일까. 작은 간이역 호로마이 역을 찾아 많은 사람들이 일본의 홋카이도를 찾고 있다.

홋카이도는 일본 가장 북쪽에 있는 섬이다. 그 사계절 풍경이 하나같이 수려하여 일 년 내내 일본 관광객은 물론 해외 관광객들까지 모이는 일본 주요 관광지다. 봄이면 신록이 푸르고, 여름이면 보라빛의 라벤더가 지천으로 깔리고, 가을이면 울긋불긋한 단풍이 화려하고, 겨울이면 하얀 함박눈이 온 세상을 덮는다. 그렇게 다양한 아름다움을 가지고 있으니 사람들이 몰릴 수밖에.

계절마다 다양하고 언제나 아름다운 홋카이도지만, 그 중 으뜸은 바로 겨울이다. 사흘 이상 눈이 내리면 1m 이상이 쌓인다는 홋카이도의 전설 같은 눈. 하지만 홋카이도의 어디에서나 이렇게 많은 눈을 만날 수 있는 것은 아니다. 진정 아름다운 설국으로 보고자 한다면 홋카이도의 한가운데 위치한 후라노로 가야 한다. 바로 영화 〈철도원〉의 배경이 되었던 후라노 말이다. 삿포로에서 북동쪽으로 3시간을 달려가야 만날 수 있는 이곳은, 2,000m 급의 다이세쓰 산이 있어 환상의 파노라마를 보여준다. 그 깨끗하고 화려한 풍광 덕분에 일본 TV와 영화의 단골 배경지일 뿐만 아니라 마일드 세븐, 닛산, 그리고 구글 등의 세계적 기업들의 이미지 광고의 배경으로도 각광받고 있다.

후라노란 지명은 이곳의 원주민이었던 아이누 족의 말로 '냄새나는 불꽃'이란 뜻에서 유래하는데, 후라노의 유황산인 토카치다케에서 흘러 내려오는 강물에서 유황 냄새가 많이 나기 때문에 그런 이름이 붙여졌다 한다.

후라노는 특히 여름과 겨울에 관광객이 많다. 후라노의 여름이 특별한 것은 바로 라벤더 때문이다. 제2차 세계대전 이후 비누와 향수의 재료로 활용하기 위해 길러 졌던 허브 라벤더가 이제는 후라노를 보라빛으로 물들이면서 관광객의 발길을 잡아끌고 있는 것이다. 라벤더는 그 보라색 빛깔도 일품이지만 그 황홀한 향기야 말로 다른 곳에서는 경험할 수 없는 환상적인 것이다.

후라노의 여름이 보라빛이라면 겨울은 그야말로 하얀빛이다. 눈이 부실 만큼 새하얀 눈들이 허리춤을 지나 가슴께를 덮는 일이 다반사로 일어나는 눈의 나라, 후라노. 특히 하얀 눈밭 위로 우뚝 솟아 오른 한 그루의 나무는 그 자태가 너무 고고해서 설국을 상징하는 아이콘이 되어 버렸다. 후라노는 편백나무와 자작나무가 많기로도 유명한데, 이 나무들이 하얀 옷을 뒤집어쓰고 있는 모습이 마치 날씬한 눈사람 같다. 홋카이도의 눈은 세계 최고로 질이 좋다는데 그래서인지 후라노의 눈 역시 참 부드럽다. 푹신하고 부드러워서 눈 위를 걷는 기분이 마치 카펫 위를 걷는 듯하다.

후라노에 왔다면 후라노 역에서 차로 30분을 달려 도착하는 이쿠토라 역도 빠트릴 수 없다. 〈철도원〉에 등장했던 호로마이 역이 바로 이 이쿠토라 역이기 때문이다. 영화 속의 주인공들은 필름 속으로 사라진지 오래지만, 이쿠토라 역에는 촬영 당시 사용된 소품과 역 간판, 그리고 붉은 색의 기관차가 전시되어 있어 그 아쉬움을 달래준다. 우리의 간이역마냥 작고 아담한 이쿠토라 역. 좁은 대합실을 지나 눈이 하얗게 쌓인 플랫 홈으로 나가면 어쩐지 붉은색 깃발을 든 철도원 오토를 만날 수 있을 것만 같다. 길게 늘어진 선로를 따라 걸어가던 그의 평화로운 모습이 눈에 선하다. ☼

고요하게 눈이 내리는 후라노의 아침.

차이코프스키의 〈백조의 호수〉가 너무나 잘 어울리는 마을 후라노

달라이 라마가 겨울 궁전으로 사용한 포탈라 궁은 세계문화유산이자 불사가의한 건축물로 유명하다.
사진은 조캉 사원 옥상에서 바라본 모습이다.

불교의 숨결이 담긴 하늘 아래 첫 번째 땅, 티베트 ‘라싸’

하늘 아래 첫 번째 땅, 티베트 라싸. 이른 새벽이면 도시 전체는 불교로 물들인다. 곳곳에 물안개처럼 향연기가 피어오르고, 집집마다 걸린 오색찬란한 룽다Rum Dal, 하양·빨강·초록·파랑·노랑 다섯 가지 색으로 구성된 사각형 천에 불경을 새겨 놓은 깃발가 히말라야에서 불어오는 세찬 바람에 휘날린다. 사원 앞에는 부처님의 가르침을 찾아 몰려든 사람들로 문전성시를 이룬다.

중국 쳉두 공항에서 비행기를 타고 2시간 정도 날아가면 장엄하고 험준한 히말라야 산맥을 넘어 티베트 여행의 관문인 라싸의 공가 공항에 도착한다. 비행기를 타고 가니 2시간이지, 장거리용 버스로는 꼬박 4일이 소요되는 굉장히 먼 거리다. 해발 3,500m의 고산에 발을 내딛는 순간, 히말라야에서 불어오는 맑고 상쾌한 공기가 뼛속까지 스며든다. 한편으론 갑작스런 고도 상승으로 고산 증세를 겪기도 한다. 어지럼증과 울렁증 앞에선 낯선 여행지의 설렘도 모두 공이 되고 만다. 사실 티베트는 산소가 부족하고 토양이 척박해 인간이 적응하며 살기엔 다소 어려운 자연환경을 가졌다. 하지만 티베탄들은 티베트를 '자연의 나라'란 의미의 '포', '눈 덮인 나라'란 의미의 '캉첸'이라 부르며 자연 속의 일부분으로 순응하며 살아가고 있다.

티베트의 옛 수도인 라싸는 그리 크지 않은데, 그 작은 도시 안에 티베트를 대표하는 불교 사원들이 빽빽하게 들어선 것이 아주 인상적이다. 라싸의 공가 공항에서 시내로 들어서면 세계문화유산으로 지정된 포탈라 궁이 엄청난 규모와 위용을 드러내며 여행자들을 맞이한다. 그러나 안타깝게도 라싸는 중국에 의해 너무 빨리 문명화가 진행되어 과거의 예스러운 모습은 찾아보기 힘들어졌다. 많은 유흥주점과 백화점이 들어섰으며, 포탈라 궁 앞에 있던 연못은 자취도 없이 사라졌고, 그 대신 중국 천안문 광장과 같은 대규모의 광장이 생겨났다. 그리고 광장 중심에는 붉은 오성기가 휘날리고 있다. 그 오성기 아래로 묵묵히 마니차를 돌리며 포탈라 코라시계방향으로 걷는 불교의식를 도는 티베트인들의 모습이 쓸쓸할 뿐이다.

그나마 순수한 영혼들의 메카이자 세계문화유산으로 선정된 포탈라 궁과 티베탄의 정신적 지주가 되는 조캉 사원이 있어 다행이다. 세계 불가사의 건축물 중 하나인 포탈라 궁은 달라이 라마가 인도로 망명하기 전까지 겨울 궁전으로 사용한 곳이다. 가로 400m, 세로 117m의 엄청난 규모를 자랑하는 포탈라 궁에 올라서면 라싸 신시가지와 구시가지를 한눈에 볼 수 있다. 궁 내부는 스님들이 기거하고 공부하는 공간과 불상을 모셔 놓은 백 궁과 홍 궁으로 나누어져 있다. 내부는 어둠침침할 뿐만 아니라 야크 기름이 뿜어내는 매캐한 냄새가 이방인들의 코를 자극해 머리까지 불편하게 만든다. 부처님을 대신해 미천한 중생들을 살피는 포탈라 궁은 윤회에서 벗어나 해탈을 꿈꾸는 티베트인들에게 숭배의 대상이자 이들의 영원한 안식처이다.

아름다운 외형을 갖춘 포탈라 궁은 조캉 사원 옥상에서 바라보는 것이 제일 좋다. 금빛의 금동상들 사이로 웅장한 자태를 드러낸 포탈라 궁은 경이로움 그 자체다. 지금은 달라이 라마가 인도 다람살라로 망명을 떠났기에 포탈라 궁은 그 어느 때보다 티베트인들에게 존경과 찬사를 받는다.

바코르 광장 한 귀퉁이에 있는 조캉 사원은 포탈라 궁에 비해 규모는 작지만 티베트 최초의 불상이 모셔져 있다. 왕실 직영 원찰인 조캉 사원은 티베트인들에게 가장 신성한 최고 성지이다. 사원 앞 드넓은 광장은 새벽부터 늦은 밤까지 오체투지를 하고 코라를 도는 티베트인과 관광객들로 넘쳐난다. 티베트를 여행하면서 여기만큼 활기차고 동적인 느낌을 주는 곳을 만나긴 어렵다. 사원 입구에서 머리, 양 팔꿈치, 양 무릎의 다섯 부분이 땅에 닿도록 납작하게 엎드린 티베트인들의 모습을 보면 이곳이 티베트라는 것을 실감하게 된다.

조캉이란 티베트어로 '부처의 집'이란 뜻이다. 이 사원은 7세기 중엽에 창건된 티베트 최초의 목조 건축으로, 본전에는 당나라의 문성 공주가 시집올 때 가져온 석가모니 불상이 모셔져 있다. 거기에다 티베트를 통일하고 가장 강력한 세력을 형성한 송첸감포 왕과 그의 부인들인 중국의 문성 공주, 네팔의 브리쿠티 공주상이 함께 모셔져 있다. 오목하게 들어간 정문은 순례자들이 오체투지를 하는 장소로, 해가 떠 있는 동안 티베탄들의 불심으로 가득 메워진다. 티베탄들의 성지 순례 마지막 여정은 바로 이 조캉에서 마무리된다.

　　광활한 티베트 땅 곳곳에서 몇 년에 걸쳐 오체투지로 찾아온 티베탄들과 순례자들이 사원 앞을 끝없는 파도처럼 밀려왔다 밀려간다. 무엇을 위해 사람들은 부처님을 향해 머리를 조아리는 것일까? 자신의 행복과 안녕을 위한 것일까? 아니면 중국에 빼앗긴 자신의 조국을 찾기 위한 것일까? 어떤 것이든 간에 부처님을 향한 이들의 모습에는 진정성 그 이상의 힘이 느껴진다. ◌

1년에 단 하루 그리고 아침에만 잠깐 열리는 탕카 축제.
부처가 그려진 커다란 탕카를 바위 위로 펼치며 한 해 무병장수를 기원하는 티베트인들.

붉은 원색의 옷에 비취색의 귀걸이로 한껏 멋을 부린 티베트의 여인.

위 | 오체투지를 하다가 잠시 쉬는 동안 카메라와 눈이 마주 친 학승의 천진만한 모습.
아래 | 오색의 룽다 앞에서 오체투지를 하고 있는 티베탄의 모습은 순수한 영혼의 소유자가 아니면 불가능하게 보인다.

티베트인들의 삶과 히말라야 설산을 따라 구절양장 속으로, 티베트 '우정공로'

사원마다 진한 야크버터의 향이 기둥과 돌바닥에서 배어나고 코라를 도는 티베트인들의 옷깃에서 숭고한 삶이 느껴지는 곳, 티베트. 동서남북 어딜 가든 신심으로 가득 찬 사람들의 해맑은 미소를 만날 수 있는 티베트는, 이방인들에게 늘 인생이란 무엇이며 어떻게 살아야 하는가에 대한 물음을 던진다. 물질의 많고 적음이 삶의 행복을 결정하는 것이 아니라, 마음속에 흐르는 여유와 풍요로움이 사람을 보람되고 즐겁게 해 준다는 것을 보여 주면서. 그러하기에 광활한 티베트를 돌아보는 여정은, 가벼운 즐거움에 머무르지 않고 자신의 정체성과 인생을 돌아보는 성찰적 계기에까지 이른다.

그 티베트에서 죽기 전 꼭 걸어 봐야 할 인생길이 있다. 라싸에서 출발해 험준한 히말라야 고개를 넘어 네팔 국경 지대인 장무에 이르는 725km의 대장정 길, 바로 우정공로다. 해발 5,000m가 높는 좁은 고갯길에서 여행객들은 생의 한계를 경험한다. 고산과 추위와 두려움 그리고 외로움. 그럼에도 여행객들은 우정공로로 향한다. 바로 히말라야의 절경을 감상하기 위해서다. 우정공로 위에서는 하늘을 찌를 듯 높이 솟아오른 초모룽마, 시샤 팡마, 초오유 등 8,000m급 봉우리 5개와 이름 모를 수많은

6~7,000m급 히말라야 산들을 감상할 수 있다.

우정공로에 들어서면 우선 티베트의 광활한 자연 앞에 감히 고개를 숙이지 않을 수 없다. 흙먼지를 꼬리표처럼 달고 다니는 자동차가 라싸를 떠나 캄바라 고개에 이르면, 발 아래로 푸른빛 가득한 호수 암드록쵸가 시원하게 펼쳐진다. 호수 속에는 하얀 설산이 잠겨 있는데, 그 신비로운 풍경 앞에선 어느 여행자라도 넋을 잃지 않을 수가 없다. 이 높은 곳에 어찌 저리 눈부시게 아름다운 호수가 있을까 궁금할 따름이다. 그 호숫가에는 순진한 양 떼들이 한가로이 풀을 뜯고 목동은 저만치 떨어져 티베트의 아름다움을 노래로 대신한다. 평화라고 밖에는 표현할 수 없는 풍경이다.

뱀처럼 길게 늘어진 호수를 따라 몇 시간을 달리면 장체에 도착한다. 여행자들에게 하룻밤 묵어갈 자그마한 터전을 내어 주는 곳, 장체. 중국 당국의 간섭과 한족의 상술로 한없이 화려해지고 문명화되어지는 라싸와 달리, 우정공로 위의 도시들에서는 티베트의 옛 모습과 풋풋한 시골의 정취를 오롯이 느낄 수 있다. 장체는 인도와 티베트를 연결하는 중요한 교통 요충지로, 티베트 불교의 각 종파가 혼합되어진 사원 펠코르 체데가 있다. 20세기 초에는 남쪽으로부터 쳐들어온 영국군과 치열한 전투가 벌어졌던 곳이기도 하다.

장체에서 북쪽으로 1시간가량 달려가면 해발 3,900m의 시가체가 나온다. 티베트어로 '토지가 풍부한 정원'이란 뜻의 시가체는, 알룽창포 강과 그 지류인 남체 강의 합류 지점에 위치하고 있다. 도시의 중앙로인 상하이로드를 조금만 벗어나면 전통 재래시장에서 티베트인들의 활기찬 모습을 볼 수 있다. 양과 야크 고기가 사고팔리는 이곳은 규모가 엄청나게 큰 고기 시장이라 이른 아침부터 티베트인들로 발 디딜 틈이 없다.

장체와 시가체에서 티베트인들의 삶을 엿보았다면, 이제는 우정공로의 백미 히말라야 설산을 구경할 차례다. 시가체에서 히말라야 산맥을 끼고 구절양장의 비포장 도로를 쉼 없이 달리고 나면 초모룽마를 한눈에 볼 수 있는 롱복에 도착한다. 여기서 400m만 올라가면 베이스캠프가 나온다. 롱복으로 오는 길 내내 뿌연 흙먼지로 눈과

해발 5,000m를 넘으면서 우연히 만난 목동.
눈 속에서 그를 만난 것은 티베트 여행 중 가장 인상적인 순간이었다.

티베트 시가체의 타쉴훈포 사원에서 만난 학승들의 평온한 모습.

우정공로 여행의 백미는 룽복 마을로 올라가 저 멀리 에베레스트를 보는 것이다.

티베트에는 광활한 티베트 고원도 있다. 이 고원에서 양과 야크를 키우며 살아가는
어린 아이들은 세상에서 가장 순수한 영혼을 가진 듯 보였다.

귀가 고달팠는데, 롱복 마을에 오자 그 고단함이 단박에 씻겨 나가는 듯하다. 용 한 마리가 꿈틀대는 구불구불한 길 위에 우뚝 선 초모룽마의 위대한 모습을 보는 순간 숨이 막힐 정도다. 초모룽마 정상 주변은 구름 한 점 없는 날씨인데도 구름바람이 흩어지는 풍경은 묘한 신비감을 내뿜는다.

베이스캠프에서 100km 정도를 나와 다시 우정공로에 다시 접어들면 해발 4,200m의 올드 팅그리라는 마을이 나온다. 이곳에서는 8,000m급 봉우리를 하나가 아니라 여러개를 동시에 볼 수 있는 호사를 누린다. 초모룽마, 마칼루, 초오유 등 히말라얀 산군들이 병풍처럼 펼쳐진다. 특히 석양이 질 무렵이면 하얀 만년설 위로 물드는 황혼의 태양빛에 황홀해진다. 그 모습을 보고 있노라면 우정공로는 진정 평생에 한번은 걸어봐야 할 길이라는 걸 다시 깨닫게 된다. ¤

아내를 향한 황제 샤 자한의 순정, 인도 '아그라'

샤 자한이 자신의 아내를 위해 지은 무덤, 타지마할.

이슬람 건축에 있어 스페인의 알함브라 궁전과 더불어 가장 아름다운 타지마할

대리석을 나무 깎듯이 깎아 만든 타지마할의 창문.

델리에서 남쪽으로 200km 떨어져 있는 아그라. 무굴 제국 시대에 델리와 함께 번성하였던 무굴의 수도 아그라에는, 이름만으로도 유명한 타지마할이 있다. 황제 샤 자한이 아내 뭄타즈 마할을 추모하며 만든 타지마할. 인도 건축사에서 가장 화려하다고 평가 받는 이 건축물은 세계문화유산으로도 지정되어, 최고라는 평가가 인도인들만의 것은 아니라는 걸 증명하고 있다.

타지마할의 주인은 샤 자한의 아내, 아르주만드 바노 베굼이다. 그녀는 21살에 샤 자한에게로 시집와 아그라의 화려한 왕궁에서부터 피비린내 나는 전쟁터까지 늘 샤 자한과 함께 했다. 그러다가 1628년 남편이 무굴 제국의 다섯 번째 황제가 되면서 '뭄타즈 마할'이라는 칭호를 받게 된다. 하지만 안타깝게도 그녀는 황비로 1년 남짓밖에 살지 못했다. 15번째 아이를 낳다가 목숨을 잃고 만 것이다. 그때 그녀의 나이는 불과 39살이었다. 아내를 잃은 샤 자한의 슬픔은 이루 말할 없을 정도로 깊었다. 그리하여 샤 자한은 영원히 그녀를 잊지 않기 위해 아름다운 무덤을 만들기로 결심했다. 순결하고 청결한 이미지의 하얀 대리석으로 말이다. 그리하여 22년이란 시간과 2만여 노동자의 힘과 무굴 제국의 재정이 바닥날 만큼의 엄청난 공사비로 타지마할은 지어졌다. 총 설계는 이란 출신의 우스타드 이샤가 맡았는데 스페인 그라나다의 알함브라 궁전을 참고하였다고 한다.

막대한 부와 시간을 쏟아 부은 탓에 타지마할은 하나의 화려한 예술 작품이 되었다. 유수의 문학가와 화가와 음악가가 글 속에서, 그림 속에서, 노래 속에서 타지마할을 표현하고자 하였으나 쉽지만은 않았다. 그만큼 화려하고 아름답다. 건축 양식과 규모 면에서 가히 세계의 불가사의로 부를 만하다.

타지마할의 정문이라 할 수 있는 무케두아르의 문을 통해 안으로 들어가면 아름다운 정원과 하얀 백합처럼 빛나는 타지마할이 모습을 드러낸다. 붉은색의 무케두아르를 등지고 한 발짝 더 나아가면 눈앞에는 신기루처럼 두 개의 타지마할이 펼쳐진다. 하나는 파란 하늘을 배경으로 고요히 서 있는 실물의 타지마할이고, 다른 하나는 맑은 정원수 위로 그려진 타지마할 물그림자다. 완벽한 좌우 대칭과 물에 미친 상하 대칭의 타지마할은 너무나 환상적이다. 게다가 타지마할은 하루에도 수십 번 달라진다. 햇빛의 방향과 세기에 따라 변화무쌍하게 그 모습을 바꾸기 때문이다. 화사한 햇빛 속에서 변함없이 빛나는 정원과 백색의 대리석 건물을 보고 있노라면, 이곳이 왜 세계문화유산으로 지정되고 불가사의 한 건축물로 인정받는지 십분 공감이 간다.

하지만 타지마할을 보고 있는 마음이 편치만은 않다. 저 화려한 건축물을 짓기 위해 얼마나 희생을 필요로 했을까 하는 생각이 들어서다. 한 사람의 무덤을 아름답게 만들기 위하여, 터키, 이탈리아, 프랑스 등지에서 수많은 장인들과 노예들이 차출되어 이곳으로 왔다. 엄청난 규모의 대리석을 운반하기 위하여 천여 마리의 코끼리가 동원되었고, 내부 장식을 위하여 중국과 러시아로부터 값비싼 내장재들을 수입하였다. 그 엄청난 비용으로 인한 피해는 고스란히 국민의 몫으로 떠넘겨졌을 것이다. 게다가 샤 자한은 타지마할과 같은 건축물을 더 이상 못 짓게 하기 위해서 페르시아와 터키로부터 온 이슬람 장인들의 손가락을 자르기까지 했단다. 자신의 사랑을 증명하기 위하여 저지른 일치고는 너무나도 잔인하다.

햇빛에 따라 아침 다르고 점심 다르고 밤이 다르다는 타지마할. 그 변화무쌍한 모습만큼이나 타지마할을 보는 여행자의 마음도 변화무쌍해진다. 타지마할의 아름다움에 감탄하고, 영원히 아내를 잊지 않겠다던 샤 자한의 순정에 부러워 하고, 속절없이 희생당했던 많은 사람들 생각에 서글퍼진다. 여행자의 복잡한 마음을 아는지 모르는지 타지마할은 그저 눈부시게 찬란하다. ☼

위 | 일명 '포로의 탑'이라고 불리는 무산만 버즈. 이곳에서 샤 자한은 8년 동안 폐위되어 감금된 생활을 하였다.
아래 | 1566년 무굴 제국의 악바르 황제가 지은 아그라 성

위 | 아그라 시내 어디에서나 볼 수 있는 타지마할
아래 | 낯선 이방인 카메라에 담긴 아그라의 모녀

삶과 죽음이 서로 공존하는 도시, 인도 '바라나시'

바라나시의 갠지스 강은 힌두교 신자들에게는 신성한 곳이다.
이들은 이곳에서 물을 마시고 목욕을 하고 죽은 자와 이별을 나누기도 한다.

산 자와 죽은 자가 함께 머무는 갠지스 강변은 인도인들에 생활의 장소이기도 하다.

강 주변에서 명상을 하고 있는 명상가.

서양인들은 동양의 신비주의를 몸과 마음으로 체험하기 위해 바라나시를 찾는다고 한다.

　1년 중 절반이 종교 축제로 이루어지는 신성한 도시 바라나시. 갠지스 강가에 위치한 이 도시는, 힌두교 7대 성지 중에서도 으뜸으로 꼽히는 곳이다. 비단 힌두교뿐만 아니라 불교, 자이나교 등 여러 종교의 성지이기도 하다. 매일 아침이면 성스러운 갠지스 강에서 목욕을 통해 영혼을 정화하러 모인 인도인들로 인산인해를 이루는 곳, 바라나시. 그곳이 이제는 여행자들의 성지가 되고 있다. 인도를 떠나는 비행기에서부터 다시 인도가 그리워진다는 여행자들이, 반드시 가 봐야 할 곳으로 꼽는 곳이 바로 바라나시인 것이다.

　매일 아침 갠지스 강가는 현대 문명인의 눈으로는 믿기 힘든 광경이 펼쳐진다. 여명이 밝아오는 이른 아침, 전국 각지에서 모여든 힌두교인들이 목욕을 하기 위해 강물로 들어간다. 영혼을 정화하고, 다음 생에 더 좋은 업을 가지고 태어나기 위해서 말이다. 그 표정과 몸짓 하나하나가 너무나 성스럽고 경건해서 보는 이마저 감동할 정도다. 하지만 더 놀라운 것은 그들이 뒤집어쓰고 있는 갠지스 강물의 더러움이다. 온갖 오물과 생활하수, 그리고 주변 가트에서 타다 남은 시체까지, 문명인 입장에서는 물 한 방울 몸에 묻히기 싫을 만큼 더러운데 그들은 아랑곳하지 않는다. 그 물을 머리에 뒤집어쓰는 것은 물론이거니와 가족에게 가져다 주려고 빈 병에 담아 가기도 하고 심지어는 마시기까지 한다.

　그도 그럴 것이 갠지스 강에서의 정화는 힌두교인들에게 있어 평생 이뤄야 할 과업도 같은 것이다. 티베트인들이 오체투지를 하며 라싸로 향하는 것과 마찬가지다. 그들은 갠지스 강물로 목욕을 함으로써 더러운 육체와 오염된 정신을 맑고 깨끗하게 정화하고자 한다. 또한 죽어서도 갠지스 강에 뿌려지길 원한다. 한 줌의 잿더미로 변한 육체는 강물에 띄어져 자연으로 돌아가고, 육체를 떠난 영혼은 다음 생애에 지금보다 나은 모습으로 태어난다고 믿기 때문이다. 어떤 연유로든 갠지스 강을 더러움이 아닌 신성함으로만 받아들이는 그들의 강한 종교적 믿음은 위대해 보인다.

　그 숭고한 정화의 의식을 보려면 여행자들은 부지런해져야 한다. 그 숭고한 의

식은 여명이 갠지스 강물을 적시는 순간 시작하기 때문이다. 그 의식을 보는 방법은 두 가지이다. 하나는 100여 개가 넘는 가트 위에서 순례자들에 뒤섞여 그 진풍경을 보는 것이고, 다른 하나는 여명이 밝아 오기 전 작은 배를 타고 나가 갠지스 강 안쪽에서 보는 것이다. 어느 쪽에서나 잊지 못할 풍경이 되겠지만 전자보다는 후자의 방법이 더 권할 만하다. 아무래도 사람들이 북적이는 곳보다는 고요한 배 위가, 여행자로 하여금 좀 더 여유롭게 바라보고 사색할 수 있게 해 주기 때문이다.

일반 여행자들은 작은 배를 타고 가트 밖에서 현지인들의 의식행위를 사진에 담느라 정신이 없다. 처음에 이 모습을 보는 사람이라면 누구나 자연스럽게 카메라 셔터를 누른다. 하지만 며칠 동안 바라나시에 머물며 아침마다 이곳에서 그들과 함께 새로운 하루를 열다 보면 그들의 생활 방식, 사고방식, 풍속, 관습 그리고 다양한 신앙생활에 대한 믿음을 조금이나마 알게 된다.

가트는 바라나시의 상징이다. 갠지스 강을 따라 길게 늘어선 가트는 강으로 자연스럽게 접근할 수 있도록 설치된 계단을 말한다. 4km에 이르는 이 가트들은 대부분 18세기에 만들어진 것으로, 그 중 어떤 것들은 귀족들이 갠지스 강가에 저택을 마련하면서 지어진 것도 있다. 그 중에서 가장 크고 유명한 것이 다샤스와메드 가트다. 그 명성 때문에 이곳은 늘 순례자, 수행자, 장사꾼, 걸인들, 그리고 여행자들로 북새통을 이룬다.

가트 위 풍경 중에서 압권은 아무래도 시체를 태우는 장면이 되지 않을까. 새로운 영혼을 얻기 위해 갠지스 강변에서 태워져 갠지스 강 위로 뿌려지길 바라는 힌두교인들. 그래서 가트는 늘 화장터가 되곤 한다. 우리에겐 낯설지만 죽음과 화장이 일상이 되어버린 바라나시의 가트. 그 풍경 앞에서 여행자는 자연스레 삶과 죽음을 생각하게 된다. ☼

남녀의 사랑이 종교를 통해 예술로 승화된 미투나 상, 인도 '카주라호'

마하트마 간디가 부숴 버리고 싶다고 했던 카주라호의 미투나 조각상.
하지만 이 조각상엔 찬델라 왕조의 수준 높은 미의식이 담겨 있다.

　　인도의 수도 델리에서 400km를 달려가면 만날 수 있는 카주라호. 힌두교와 자이나교의 사원이 가득한 이 종교적 유적지는, 예술과 외설 사이를 아슬아슬하게 오가는 남녀교합상 미투나 상으로 유명하다. 마하트마 간디로가 "카주라호의 모든 사원을 부숴 버리고 싶다."고 했을 정도로 성행위가 적나라하게 묘사된 조각들. 하지만 간디가 그렇게 싫어했던 조각들 덕분에 카주라호는 전 세계 여행자들의 호기심을 자극하며 인도의 인기 높은 관광지로 탈바꿈하고 있다.

　　카주라호는 1천 년 전 찬델라 왕국이 최고 전성기에 세운 사원 도시다. 한 때 이곳의 사원은 무려 85개에 이르렀다고 하는데, 이슬람에 의해 다 파괴되고 현재는 22개의 사원만이 남아 있다. 미투나 상에 묘사되어 있는 에로틱한 성행위는 인도 최초의 성애서 『카마수트라』에 실려 있는 것들이라고 한다. 남녀교합은 물론 동물과의 교합도 서슴지 않고 묘사했던 이 조각들은, 보는 이들로 하여금 흥미와 부끄러움을 동시에 느끼게 하는 묘한 매력이 있다.

　　그 조각들을 보고 있노라면 떨쳐지지 않는 물음이 하나 생긴다. 찬델라 왕조는 왜 신성한 사원을 이렇게 외설적인 조각들로 장식한 것일까? 이에 대하여 명확하게 알려진 답변은 없다. 다만 여러 가지 추정들이 나오고 있는데, 가장 그럴 듯하다 인정받는 것이 힌두교의 정신이 담겨 있다는 주장이다. 즉, 성적인 에너지를 이용해 절정의 상태에 이르고 그것을 통해 해탈의 경지에 이르는 힌두교의 탄트리즘을 표현하려고 했다는 것이다. 그런가 하면 천둥과 번개의 신이 처녀이기 때문에 남녀의 교합상으로 외벽을 장식하면 신들이 낯부끄러워 사원을 부수지 못할 거란 기대 때문이라는 설도 있다. 그 외에도 당시 인도 시민들을 위한 성행위의 교본이었다는 설, 수행자들의 금욕적 성찰 및 야한 모습에도 흔들리지 않는 평상심을 키우기 위해 만들어졌다는 설 등 의견이 분분하다.

　　카주라호의 사원들은 서부, 동부, 남부의 세 그룹으로 나뉘는데, 그 핵심은 서부군에 있다고 보면 된다. 특히 서부의 칸다리야 마하데브 사원과 락쉬마나 사원은 꼭

해질녘 석양이 붉게 물들이고 있는 미투나 상.

붉은 사암을 정교하게 깎아 만든 카주라호의 조각상은 세계문화유산으로 전혀 손색이 없을 만큼 아름답다.

가 볼만한 곳으로 꼽힌다. 칸다리야 마하데스 사원은 시바 신에 봉헌된 사원으로, 세계문화유산으로 지정된 미투나 상이 벽면 가득 조각되어 있고 그 외에 다양한 신화들이 담겨 있다. 비쉬누 신을 모시고 있는 락쉬마나 사원은 그 보존 상태가 가장 뛰어난 것으로 인정받는데, 여기에서는 특히 춤추는 요정 압사라의 조각이 볼만하다.

동부에서는 빠르스바나뜨 사원이나 샨티나타 사원 등이 볼만하다. 특히 이 동부에는 자이나교 사원이 많이 모여 있는데, 이 사원들에는 미투나 상 대신 벌거벗은 나신이 묘사된 조각상들이 있다. 이 조각상들은 모든 소유를 버림으로써 자유로워지고자 했던 자이나교의 사상이 담긴 것이라 한다.

사원은 신과 인간이 만나는 성스러운 장소이다. 그런 성스러운 곳에 힌두인들은 과감한 용기와 색다른 아이디어로 인간의 격렬한 성행위를 묘사하였다. 카주라호의 남녀교합상은 외설적인 장면들로 세계의 이목을 집중시켰다. 그 단편적인 모습들만 본다면 그저 외설에 다름 아니다. 하지만 그 조각상 뒤편에 감춰진 힌두인들의 고민과 열정, 즉, 인간과 신, 욕망 끝에 오는 허무주의, 허무주의를 딛고 일어선 새로운 희망, 고통과 한계 상황에서 벗어난 해탈 등의 의미를 생각하게 되면, 남녀교합상은 외설을 뛰어넘어 훌륭하고 아름다운 예술 작품으로 다가온다. ¤

카주라호 인근의 논에서 피를 뽑으며 즐거운 시간을 보내고 있는 현지인들.

평온한 오후의 일상을 엿볼 수 있는 카주라호

인간의 탐욕이 빗겨 간 영혼의 땅, 인도 '라다크'

레의 중심에 있는 남걀 체모 곰파. 1430년에 지어진 이 사원은 아침 7시부터 9시까지만 일반인들에 개방된다.

히말라야의 바람에 휘날리는 오색 룽다와 체모 곰파의 모습.

인도 델리에서도 꼬박 이틀을 달려가야 도달할 수 있는 라다크의 수도 '레'. 헬레나 노르베리 호지의 『오래된 미래』를 통해 세상에 처음 알려졌고, 1974년 외국인에게 개방된 후 전 세계의 많은 사람들이 이곳으로 향하고 있다. 숨겨진 은둔의 땅을 보기 위해, 티베트 정통 불교를 배우기 위해, 라타크의 지형을 연구하고 위해, 그리고 인간의 탐욕이 빗겨 간 영혼의 땅을 보기 위해 말이다. 험하고 깊은 오지로 가는 길은 고생길이 훤한데도 불구하고 말이다.

히말라야 한 귀퉁이에 붙어 있는 레는 암석과 모래로 된 척박한 땅이다. 인간이 경작할 수 있는 녹지는 채 5%가 되지 않고, 한 해 강수량이 20mm에 못 미치는 절망의 땅. 풀 한 포기, 나무 한 그루도 자라지 않는 이곳에 과연 인간이 생존할 수 있을까 의문이 생길 정도다. 하지만 라다크인은 이 땅 위에서 삶을 영위해 왔다. 만년설이 녹으면서 만들어 내는 가는 물줄기에 의지해 소박하게 경작을 하고 가축을 기르면서, 지구상 그 어느 곳에서보다 평화롭게 삶을 꾸려왔다.

사실 라다크가 모두 척박한 땅으로 이루어진 것은 아니다. 레에서 불과 몇 백 미터만 벗어나면 아름다운 농촌 마을을 만날 수 있다. 라다크인들이 꽃을 무척 좋아하는 까닭에 집집마다 형형색색의 꽃이 가득한 마을을 말이다. 라다크인들은 우리네 순박한 시골의 인심을 그대로 간직하고 있다. 동네 낮은 담장을 지나치다 우연히 눈이라도 맞을라치면, 이내 집에 들어와 차 한 잔 하고 가라는 손짓을 건네 온다. 낯선 이방인을 두려워하지 않고 투박한 웃음과 따뜻한 차 한 잔으로 정을 느끼게 하는 사람들이 바로 라다크인들이다.

하지만 손님을 초대하고도 그들이 내놓을 수 있는 음식은 짜이나 염소젖, 그리고 몇 알의 과일들뿐이다. 음식이 넉넉지 못한 탓이다. 하지만 그들은 부족함을 느끼지 못하는 듯하다. 넘치는 양은 아닐지언정 정성을 다해 경작하면 사과·보리·밀·감자·콩 등 다양한 농작물을 수확할 수 있고 염소와 야크를 길러 우유·고기·옷 등을 얻을 수 있기 때문이다. 자연에 감사하며 살고, 적은 음식이나마 우연히 만난 이방인에

한때 인도군의 군사 기지로 사용됐던 틱세 곰파.

가을걷이를 끝내고 밀밭에서 휴식을 취하고 있는 사람들의 평화로운 모습.

게 내놓을 줄 아는 그들의 삶의 여유가 부러울 따름이다.

　그러하기에 라다크를 방문하는 여행자들의 로망은 라다크인을 향해 있다. 그들의 때 묻지 않은 순박함은 태생부터 문명의 때를 안고 살아야 하는 이방인들에겐 기쁨이요 감동일 수밖에 없다. 강한 햇볕과 심한 일교차로 얼굴은 늘 시꺼멓고 볼은 늘 발갛게 터서 촌스럽기 짝이 없지만, 그들이 누런 이를 드러내며 세상 근심 하나 없는 얼굴로 미소를 지을 때면 세상 그 어느 얼굴보다 아름답다. 그들이 꾸려가는 세상 또한 맑고 깨끗하기만 하다. 오죽하면 이들의 언어에는 도둑이나 사기꾼 같은 단어가 없을까.

　『오래된 미래』의 말미에도 얘기되었듯이, 이미 라다크는 변하고 있다. 파키스탄과 인도의 국경 지대로 많은 군인이 이동하면서 라다크인만이 아니라 인도 아리아인들도 많이 들어왔다. 〈오래된 미래〉를 읽고 호기심에 찾아 온 서구의 여행자도 많이 늘어난 탓에 서양식 레스토랑도 많이 들어섰다. 은둔의 땅이 문명과 접촉하면서 본래의 모습을 잃어 가는 것을 보는 일은 참 가슴 아프다. 하지만 오랜 세월에 걸쳐 척박한 자연환경에 순응하고 조화를 이루며 살아온 그들이 아니던가. 어쩌면 자연환경보다 더 척박할지 모르는 문명 세계를 그들은, 과거에 그러했던 것처럼 아주 조화롭게 받아들이고 흡수할 것이다. ⌾

세계 7대 불가사의로 선정된 앙코르 와트. 그 신비는 몇 백 년이 지난 지금까지 풀리지 않고 있다.

인도차이나 밀림 속에 감춰진 거대한 신비의 왕국, 캄보디아 '앙코르 와트'
ASIA | 018 | CAMBODIA

위 | 작은 연못에 비친 앙코르 와트의 전경.
아래 | 200여 개의 사람 얼굴이 새겨진 바욘 사원.

위 | 거의 폐허가 된 따 프롬 사원은 앙코르 유적의 현주소를 보여준다.
아래 | 거대한 스펑나무가 점점 더 깊게 더 넓게 파고들고 있는 앙코르 유적. 스펑나무는 앙코르 유적에 신비감을 더한다.

1850년 프랑스의 듀오 신부가 캄보디아에서 거대한 유적지를 발견했다고 했을 때, 프랑스인들은 믿지 않았다. 알려지지 않은 작은 나라에 그리 큰 유적지가 있을 수 없다는 것이다. 도리어 듀오 신부를 미쳤다고까지 했다. 그러나 10년 뒤 프랑스 학자 앙리 무어는 듀오 신부가 미치지 않았음을 증명했다. 캄보디아의 밀림 속에서 크메르 왕국의 앙코르 유적을 발견해 낸 것이다.

앙코르 유적은 페루의 마추픽추랑 비슷한 점이 있다. 오랜 시간 밀림 속에 감춰져 있다 뒤늦게 발견되었고, 현대 기술로도 쉽지 않을 만큼 완벽하게 지어졌으며, 또한 그것을 만든 사람들은 흔적도 없이 사라졌다. 앙코르 유적이 발견된 지 150여 년이 지났지만 여전히 앙코르 유적은 베일에 감춰져 있다. 그래서 시간이 갈수록 앙코르 유적은 불가사의이며 신비 그 자체가 되어 가고 있다.

가장 큰 의문은 크메르 왕족이 무슨 이유로 울창한 숲 지대에 거대한 사원을 짓고 살았을까 하는 점인데, 이에 대해 명쾌하게 답을 해 주는 문헌적 기록은 아직 발견되지 않았다. 그저 학자들에 의한 여러 가지 추측만이 있을 뿐이다. 일부 학자들은 이곳이 군사적으로 전략적 요충지이자 끝없이 펼쳐진 비옥한 땅이라, 왕국의 수도로서 적합했기에 이곳에 수도를 건설했을 거라고 주장한다. 또 다른 학자들은 앙코르 사원군의 지리학적 위치와 사원들의 배치를 보았을 때 고대의 천문학적 이론에 근거하여 세워진 제국일 거라고 설명한다. 실제로 컴퓨터 시뮬레이션 분석 결과, 앙코르 사원들의 천문학적 위치는 기원전 10,500년경 춘분 때, 용의 별자리를 그대로 반영해 놓은 것이라고 한다. 이러한 천문학적 배열을 앙코르 건축에 적용한 이유는 지구와 우주의 행성들과의 조화를 돕기 위한 것이라고 그들은 설명한다. 어느 것이 정답인지는 알 수는 없다. 다만 이리도 거대한 유적을 지어 놓고 기록도 흔적도 없이 사라졌기에, 여행자의 호기심이 더욱 극대화하고 있다는 사실만은 분명하다.

앙코르 유적은 주변이 해자로 둘러싸여 있기 때문에 안으로 들어가려면 중앙문 입구로 연결되는 다리를 건너야 한다. 이 다리에는 뱀이 도망가지 못하게 누르고 있는

27개의 석상이 있는데, 그 모습이 스산하여 앙코르 유적 안으로 들어가는 여행자들에게 잔뜩 겁을 준다.

유적지 안으로 들어가서 가장 먼저 만나게 되는 사원은 바욘 사원이다. 12세기 말에서부터 13세기 초까지 자야바르만 7세가 지은 것으로 알려진 이 불교 사원은, 과거 54개의 탑이 있었다고 하는데, 현재는 36개만이 남아 있다. 탑마다 관음 부처의 얼굴이 새겨져 있는데, 웃을 듯 말듯, 부드러운 듯 차가운 듯 묘한 표정들이다. 바욘 사원은 매주 정교한 벽화로 유명하다. 크메르인들은 붉은색 홍토를 이용해 건축을 하였는데, 이 홍토는 물과 섞이면 매우 단단해지는 특성을 가지고 있다. 이것을 가지고 면도칼 하나 들어가지 않을 만큼 정교하게 벽들을 쌓으면서, 벽마다 다양한 신화와 역사를 새겨 넣었다.

바욘 사원에서 멀지 않은 곳에, 앙코르 유적의 백미 앙코르 와트가 있다. 아주 가파르고 좁은 계단을 올라 들어선 앙코르 와트 내부에는 도저히 인간의 작품이라고는 믿어지지 않는 섬세한 부조가 가득하다. 그 내용도 인도의 라마 왕자가 자신의 아름다운 아내 낭시타를 구해오는 권선징악적 대서사시를 비롯하여, 마하바라타 이야기, 수리야바르 2세의 행군도, 천국과 지옥, 힌두교의 천지창조 등 실로 다양하다. 이 부조들은 햇빛의 빛깔과 방향에 따라 천양지차의 모습을 보여주는데, 특히 여명의 붉은빛으로 물든 부조의 모습은 그 어떤 회화보다도 훌륭하다.

앙코르 유적에는 완벽한 사원과 정교한 조각만큼이나 유명한 것이 있었으니, 바로 스펑나무다. 안젤리나 졸리 주연의 영화 〈툼 레이더〉에서 신비롭고 화려한 배경을 제공한 것도, 바로 이 스펑나무가 감싸고 있는 앙코르 유적의 모습이었다. 사람의 머리카락처럼 늘어진 스펑나무의 뿌리들은 딱딱한 돌 틈을 파고들어 앙코르 유적에 세월의 깊이와 신비감을 더해준다. 특히 사람 몸체만 한 돌들이 나무뿌리에 의해 어이없이 갈라지고 부서진 모습은 자연의 힘과 위대함을 여실히 보여 준다.

앙코르 유적을 돌다 보면, 총탄의 흔적을 심심치 않게 발견하게 된다. 현재는 유

자야바르만 7세 때 건립된 바욘 사원은 앙코르 유적 중에서도 가장 인간적인 매력을 가진 사원이다.

네스코의 보호를 받고 있는 세계문화유산이지만 30여 년 전만 해도, 베트남군과 크메르인 게릴라가 전쟁을 벌이던 장소였다. 게다가 프랑스 등 강대국에서는 이곳의 유물들을 끊임없이 약탈해 갔다. 그 결과 많은 1,000여 점에 이르는 상당량의 주요 유물이 외부로 유출되었고, 그나마 남아 있는 유적들도 2/3가량이 복원 불가능한 상태로 파괴되었다. 깊은 밀림 속에 지어졌고 오랫동안 비밀 속에 감춰져 있던 신비의 유적이, 현대인의 손에 아주 짧은 기간 허망하게 스러져갔다. 인간의 이기심이 그저 안타까울 뿐이다. ¤

세계에서 장수 마을 중에 하나인 훈자는 7,000m가 넘는 울트라 피크 바로 아래 있다.

세계 최고의 장수마을, 파키스탄 '훈자'

파미르 고원 아래 첫 번째 마을 훈자. 드높은 설산이 병풍처럼 펼쳐진 해발고도 2,500m의 작은 왕국 훈자는, 천하의 알렉산더 대왕도 더 이상은 전진하지 못하고 동양 정복의 꿈을 접어야 했던 험한 오지에 있다. 봄이면 살구꽃이 설산과 조화를 이루며 아름답게 피어오르고, 그 신비로운 풍경으로 일본 애니메이션 〈바람의 계곡 나우시카〉의 배경이 되었던 곳, 훈자.

훈자는 아리안 계통이 아닌 파란 눈과 노란 머리카락을 가진 훈자족이 건설한 나라이다. 척박한 환경을 꿋꿋하게 이겨 내며 21세기까지 자신들의 정체성을 오롯이 지켜 낸 그들이 언제부터 이곳에 삶의 뿌리를 내리고 살았는지에 대한 역사적 기록은 없다. 다만 훈자족들의 입을 통해 내려온 전설만 있을 뿐이다. 전설에 따르면 "기원전 325년 알렉산더 대왕의 동방원정 시 잔류한 3명의 군사와 그들의 페르시아 아내들이 훈자 계곡에 터를 잡으면서 훈자 왕국이 시작되었다."고 한다. 서양의 역사학자들은 길기트 산악 지대에서 부르사스키라는 언어를 사용하는 토착민이 바로 훈자의 조상이라고 주장하기도 한다. 그들은 근거로 7세기경부터 티베트계의 사람들이 길기트 지역에 거주하였다는 기록과 740년에는 브루자라고 하는 왕이 티베트 공주와 결혼을 했다는 티베트 역사 문헌을 이야기한다.

기원은 정확하게 밝혀진 바 없지만 이후의 역사는 일부 알려져 있다. 11세기 이후 훈자 왕국은 알티트, 발티트, 가네쉬 등으로 구성된 훈자 계곡에서 한 혈통에 의해 지배되었으며, 1761년부터 1937년까지 신장의 위구르족에게 조세를 받치며 독립된 왕국으로 살아왔다는 것이다. 또한 훈자 왕국은 파키스탄 길기트에서 중국 카슈가르로 이어지는 실크로드의 중계 무역지로 관세를 받아가며 명맥을 유지하였다고 한다.

지금으로부터 100년 전까지만 해도 바깥세상에 전혀 알려지지 않았던 이 작은 왕국이 세계적 유명세를 탄 것은, '장수 마을' 때문이다. 훈자 왕국은 인구 4만에 100세 이상이 10여 명, 90세 이상이 100여 명에 이른다. 이곳의 노인들은 오래 사는 것만이 아니라 건강하기로도 유명하다. 70세, 80세 노인이 청년 취급을 당할 정도다. 그러하니 불로장생을 꿈꾸는 현대인들에게 훈자 왕국은 그야말로 관심이 대상이 아닐 수 없다. 실제로 미국의 유기농 식단 주창자인 제롬 어빙 로데일은 훈자족의 장수 비결을 연구하였는데, 훈자족의 식단을 엄밀히 연구한 결과 이들은 통밀로 만든 차파티, 신선한 버섯, 당근, 우유, 치즈, 살구 기름 등을 즐겨 먹고, 육류는 일주일 한 번 정도 소량 섭취한다는 사실을 알게 되었다. 사실 그것만으로는 훈자 마을의 장수 이유가 설명되지 않는다.

많은 사람들은 오히려 훈자족의 장수를 척박한 환경에 적응하기 위한 최소한의 열량 섭취, 적당한 노동, 그리고 욕심 없는 청빈한 삶 등 다인적인 요인으로 설명한다. 실제로 훈자족을 만나면, 어쩌면 이렇게 척박한 환경 속에서도 저렇게 부드러운 미소를 지닐 수 있을까 신기할 만큼 평온한 얼굴을 하고 있다. 장수하고자 하는 현대인들이 배워야 할 것은, 바로 그들의 식습관이 아니라 자연에 순응하고 평화롭게 살고자 하는 그들의 삶의 태도가 아닐까. ▢

척박한 땅을 일궈 아름다운 목초지를 만들고 사람이 살 수 있는 땅으로 만든 훈자인들.

훈자 왕국의 왕들이 거주했던 발티트 성은 티베트 양식으로 지어졌다.

일명 '이글 네스트'라고 불리는 곳에 오르면 7,000m급의 설산들이 파노라마처럼 펼쳐진다.

무굴 제국이 남긴 이슬람 건축의 정수, 파키스탄 '라호르'

무굴 제국이 남긴 이슬람 건축의 정수, 파키스탄 '라호르'

ASIA | 020 | PAKISTAN

신앙심이 깊은 이슬람 국가 파키스탄. 파키스탄 여성들은 온몸을 가린 부르카를 착용한다.

인도의 마지막 통일왕조 무굴 제국은 이슬람 건축과 미술에 있어 새로운 지평을 열었다. 특히 악바르 대제 때에는 영토의 확장과 안정적인 상업 활동으로 경제적 번영을 이뤘고, 이를 바탕으로 라호르 성, 아그라 성, 후마윤 묘, 파테푸르 시크리 등 세계 문화유산으로 지정된 건축물을 탄생시켰다. 어떤 역사가들은 "무굴 제국의 예술은 뛰어난 천재에 의해 이뤄진 것이 아니라 제국의 부와 지배층의 사치 풍조가 최고의 미를 간직한 건물을 짓게 하고 호화로운 정원을 만들게 했다."고 비판하기도 하다. 맞는 말이다. 하지만 그게 어디 무굴 제국뿐이랴. 현대인의 알량한 욕심으로 말하자면, 그런 부와 사치로라도 이런 위대한 건축물들이 남겨져 그저 감사할 따름이다.

인도 무굴 제국의 영화로움과 예술의 숨결을 담고 있는 파키스탄의 라호르는 알라를 숭배하는 무슬림의 도시이다. 라호르는 아그라, 델리와 함께 인도 무굴 제국의 수도로서 그 역할을 담당해 왔다. 1947년 파키스탄이 인도로부터 독립되기 이전의 일이다. 이슬람교가 들어오기 전의 역사에 관해서는 별로 알려진 바가 없지만, 전설에 의하면 '기원전 4,000년경에 라마야나의 영웅인 라마 찬드라의 아들 로흐가 지금의 라호르를 세웠다'고 한다. 문헌적으로 7세기 이전에도 라호르는 펀자브 주의 수도로 등장한다.

아잔의 경건하고도 우렁찬 소리가 하루에 다섯 번 울려 퍼지는 라호르는, 12~13세기 무렵부터 파키스탄에서 두 번째로 큰 도시이자 펀자브 주의 주도서 중요한 위치를 차지하였다. 무엇보다 라호르가 우리의 관심을 끄는 이유는 그곳이 종교적인 관점에서 아주 중요한 도시이기 때문이다. 라호르는 시크교를 창시한 나나크의 고향이자 간다라 시대의 '고행하는 싯다르타의 불상'과 간다라 시대의 불교 미술을 엿볼 수 있는 라호르 박물관이 있는 곳이기도 하다. 한때 라호르는 서아시아와 인도를 연결하는 실크로드의 요충지였으며, 현재에는 파키스탄의 상업, 금융 등 유통 경제의 중심지 역할을 하고 있다.

라호르의 진정한 매력은 아름다운 건축물에서 나온다. 악바르부터 손자 아우랑

제브까지에서 4대에 걸쳐 황제들은 경쟁하듯 이슬람 건축물들을 지었다. 라호르의 구시가지에서 만나는 거대한 바드샤히 모스크는 무굴 제국에서 패륜아로 명성을 얻은 아우랑제브가 지은 것이다. 하얀 돔 양식의 지붕이 멋진 이 모스크는 이슬라마바드의 파이샬 모스크가 지어지기 전까지 파키스탄의 최대 모스크였다고 한다.

바드샤히 모스크 바로 앞에 위치한 라호르 성은 무굴 제국 시대 3대 황제를 지낸 악바르가 무굴의 수도를 델리에서 라호르로 옮겨 오면서 지은 성채이다. 그는 거대한 규모의 계획 도시를 세우고, 아름다우면서도 철옹성 같은 성채도 지었다. 오랜 세월로 외관은 많이 낡아 버렸지만 그래도 곳곳에 악바르의 애정이 살아 숨 쉬고 있다. 무굴 제국의 황제 중에서도 문학과 건축 그리고 예술에 남다른 관심을 가졌던 악바르 황제. 그는 우리의 세종대왕처럼 정치, 경제, 군사 등에서 탁월한 지도력을 보여주는 한편, 문화적인 면도 많은 관심을 기울여 융성한 발전을 이뤄 냈다. 특히 그는 이슬람 문화만을 고집하지 않고 힌두 전통문화와 터키, 페르시아의 문화까지를 포함하면서 파키스탄 역사상 가장 독창적인 문화를 만들어 냈다. 그야말로 파키스탄 문화의 르네상스를 열었다고 해도 과언이 아니다.

악바르가 라호르 성에 모든 열정을 쏟았다면 그의 손자인 샤 자한은 라호르에 아름다운 사리마르 정원을 지었다. 무굴 제국의 태조라 할 수 있는 바부르가 정원에 대한 많은 애착을 보인 이래, 그의 후손으로는 샤 자한이 가장 탁월한 정원 문화를 꽃피워 냈다. 그는 아그라에 타지마할을 세운 황제로도 유명한데, 타지마할의 아름다운 정원을 생각할 때 라호르의 사리마르 정원이 얼마나 아름다울지 짐작이 간다. 1642년에 왕가의 별장으로 조성된 사리마르 정원을 통해 샤 자한은, 2개의 세계문화유산을 남긴 위대한 황제가 되었다. ¤

세계문화유산으로 지정된 라호르 성의 처마. 붉은 사암을 정교하게 깎아 만든 것이 인상적이다.

샤 자한이 만든 샬리마드 정원 또한 세계문화유산으로 지정된 곳이다.
이곳의 분수는 자연의 수압을 이용하여 만들었다.

이슬라마바드에 파이살 모스크가 지어지기 전까지는 파키스탄 최대의 모스크였던 바드샤히 모스크.

눈이 마주치자 낯선 이방인에게 미소 대신 경계심을 드러내는 소녀의 모습.

작은 섬나라에서 즐기는 쇼핑과 야경의 향연, '싱가포르'

말레이반도 남쪽 끝에 자리한 섬나라 싱가포르. 작은 고추가 맵다고 국토 면적이 서울 면적을 약간 넘는 이 나라가 동남아 최고의 경제 수준을 자랑한다. 국민 1인당 GDP가 5만 불에 이른다. 한국의 1만 6천 불을 가볍게 뛰어넘는다. 싱가포르의 저력은 바로 인적 자원에 있다. 한국만큼이나 높은 교육열 덕분에, 물적 자원은 한없이 부족하지만 그 부족분을 인적 자원이 채워 나가고 있는 것이다.

말레이시아 조호르 주 남쪽과 인도네시아 리아우 제도 북쪽 사이에 위치한 싱가포르는, 원주민 말레이족과 오랑라우트가 뿌리를 내리고 살던 작은 어촌 마을에 불과했다. 19세기 초 영국 식민지의 역사를 겪었는데, 그때 영국 동인도회사의 향신료 무역의 전초 기지가 되면서 동남아시아의 중계 무역항으로 발전하였다. 이후 제2차 세계대전 때 잠시 일본에 점령되고 말레이시아에 합병되었다가 1965년 8월 9일 UN으로부터 독립 국가로 승인을 받게 된다. 싱가포르라는 나라 이름의 유래는 14세기경으로 거슬러 올라간다. 인도네시아의 한 왕자가 이곳에서 낯선 동물을 보고 사자로 오인하면서 '사자의 도시'라는 뜻의 '싱가푸라'로 불리다가 19세기 초 영국의 식민지가 되면서 싱가포르로 불리게 되었다.

싱가포르가 처음부터 경제적 우위를 점했던 것은 아니다. 뒤늦은 독립으로 경제적 어려움을 피할 수 없었던 싱가포르를 현재의 경제대국으로 만든 것은 싱가포르의 수상 이광요였다. 36세의 젊은 나이로 수상직에 오른 그는 국가 재건에 온힘을 쏟았다. 해외 투자와 정부 주도의 산업화 정책으로 전자공학과 제조업을 발전시켰고, 지리적 이점을 이용하여 중계 무역과 금융 거래를 발달시켰다. 그리하여 싱가포르는 국민 1인당 GDP 기준, 세계 20위 안에 랭크될 만큼 부유국으로 성장하였다.

싱가포르의 도시 이미지는 깨끗함 그 자체다. 깔끔하게 정비된 도시에는 거리에 쓰레기 하나 없을 정도다. 싱가포르가 이런 이미지를 구축한 데는 엄격한 규제와 벌금, 그리고 태형이 한 몫을 했다. 1993년 당시 미국인 신분으로 태형을 받아야 했던 마이클 페이 사건은 그 단적인 예이다. 별다른 이유 없이 민간 차량 20대에 스프레이 낙서를 하고 차량의 문을 부수고 거리의 공공기물을 파손했던 마이클 페이는, 미국 각계의 호소에도 불구하고 4대의 태형이란 처벌을 받아야 했다. 공공에 피해를 주는 행위를 싱가포르가 얼마나 엄히 다스리는지를 보여주는 대목이다.

싱가포르에는 중국인, 말레이인, 인도인, 영국인 등 다양한 인종이 어울려 산다. 인종만큼 종교도 다양하다. 불교, 힌두교, 이슬람교, 그리스도교 등이 한 데 모인 종교의 집합소 같다. 싱가포르에서 가장 번화한 거리 오차드 로드에 가면 히잡을 쓴 이슬람 여성과 사리를 두른 힌두교 여성을 한 번에 볼 수 있다. 언어도 마찬가지다. 공용어는 영어로 지정되어 있지만, 거리 곳곳에서는 낯선 언어들이 쉴 새 없이 들려온다. 중국어, 타밀어, 말레이어 그리고 세계 각지에서 온 이민자들의 언어까지. 이처럼 다양한 인종, 종교, 언어가 이렇게 갈등 없이 공존하고 있는 곳도 찾기 힘들 듯하다.

싱가포르는 곧잘 홍콩과 비교되는데, 쇼핑과 야경 면에서 조금 더 높은 점수를 받고 있지 않나 한다. 화려한 야경에 깔끔하게 정리된 스카이라인은 관광객의 마음을 한껏 부풀려 놓는다. 게다가 싱가포르는 말 그대로 쇼핑 천국이다. 나라 전체가 면

화려한 네온사인이 만드는 싱가포르의 야경.

세 지역이기 때문에 어디에서나 질 좋고 값싼 물건을 마음껏 살 수 있는데다, 관광객을 대상으로 세금환급제도를 운영하고 있기 때문이다. 그 쇼핑의 중심에는 오차드 로드가 있다. 60여 개에 이르는 쇼핑몰에는 고급 부티크부터 저렴한 할인 매장까지 없는 게 없다. 꼭 쇼핑을 위해서가 아니라도 오차드 로드는 한번쯤 가 볼 필요가 있다. 싱가포르의 과거와 현재를 아우르는 생활상이 이곳에 담겨 있기 때문이다.

싱가포르에서 특별한 볼거리를 찾는다면 래플스 호텔은 어떨까. 래플스 호텔은 칵테일 싱가포르 슬링이 탄생한 곳이자 싱가포르의 역사적 상징이다. 싱가포르 건국의 아버지로 불리는 스탠포드 래플스 경의 이름을 딴 이 호텔의 역사는 120년이나 된다. 1887년 12월 소박한 10개의 방갈로로 문을 열었지만 현재는 103개의 스위트 룸, 18개의 레스토랑과 바, 박물관 그리고 명품 아케이드를 갖춘 싱가포르 최고의 호텔이다. 그 중에서도 찰리 채플린, 이븐 가드너, 어니스트 헤밍웨이, 마이클 잭슨 등 세계 최고의 명사들이 머물었던 10개의 퍼스널 스위트룸은 래플스가 자랑하는 최고의 객실이다. 그 명성이 자자하여 지금은 투숙객이 아닌 일반인들도 이 호텔을 구경하기 위해 들르는 명소가 되었다.

싱가포르에 어둠이 내리고 고층 빌딩에 하나둘 불이 밝혀지면 보트키로 가야 한다. 또한 보트키는 래플스 경이 싱가포르에 처음 발을 내디딘 곳인데 우리에겐 송혜교와 현빈이 출연한 드라마 〈그들이 사는 세상〉의 촬영지로 익숙하다. 이곳에 가면 시원한 바다 바람을 맞이하며 시원한 칵테일 한 잔 들이킬 수 있는 아름다운 노천카페들이 즐비하다. 그리고 싱가포르의 명물 칠리 크랩을 맛볼 수 있는 해산물 음식점들도 많다. 야경과 칠리 크랩과 싱가포르 슬링, 이 세 가지면 싱가포르 여행을 로맨틱하게 마무리하기에 충분하지 않을까. ⚬

위 | 싱가포르 사람들과 관광객들이 가장 많이 찾는 보트키. 아래 | 형형색색의 건물들이 인상적인 아랍 거리.

하늘과 바다가 온통 푸른색으로 물든 몰디브 바다.

신혼부부들의 로망, 그리고 인도양의 보석, '몰디브'
ASIA | 022 | MALDIVES
173

몰디브 파라다이스 리조트에서 수영 에어로빅을 배우고 있는 관광객들.

둘째가라면 서러울 지구상 최고의 휴양지, 몰디브. 뜨거운 태양 아래 깊고 푸른 인도양이 펼쳐지고, 수억 만 년에 걸쳐 밀물과 썰물이 만들어 놓은 산호가 엷은 에메랄드빛 해안을 만드는 곳. 그래서 몰디브는 늘 신혼부부들의 로망이다. 하지만 막상 몰디브에 가면, 만날 수 있는 여행객의 70% 이상이 유럽에서 건너 온 가족과 연인들이다. 몰디브는 우리에게도 최고의 여행지지만, 유럽인들에게도 역시 남태평양의 타히티, 피지 등과 함께 가장 휴가를 즐기고 싶은 여행지인 것이다.

원시의 자연을 간직한 낙원으로 향하는 여정은 그리 녹록치만은 않다. 인도양 한가운데 위치하고 있어, 우리나라로부터는 멀찌감치 떨어져 있기 때문이다. 몰디브로 향하는 항공 노선은 다양해서 두바이를 거칠 수도, 싱가포르를 거칠 수도 있다. 어느 쪽을 택하든 두세 번 비행기를 갈아타는 것은 기본이요, 적어도 15시간 이상을 날아가야 겨우 도착할 수가 있다. 하지만 일단 몰디브에 도착하고 나면 그런 수고스러움은 씻은 듯 사라지고 만다. 신비의 섬답게 모든 풍경이 신의 지구를 창조할 때의 모습 그대로다. 수평선이 보이지 않는 인도양 위로 거침없이 햇살이 쏟아지고 따뜻한 바람에 야자수가 휘날린다. 그 그림 같은 풍경 속을, 사람들이 한가로이 거닌다.

몰디브에서는 게을러도 좋다. 굳이 뭘 보려 하지 않아도 굳이 뭘 하려 하지 않아도 괜찮다. 늘 시원한 바람이 머무는 야자수 그늘 아래에서, 해먹에 몸을 기댄 채 자연의 소나타를 즐기는 것만으로도 몰디브를 충분히 즐기는 것이기 때문이다. 그리고 그렇게 해야만 시간이 멈춰 버린 것만 같은 이곳에서 진정 '느림의 미학'이 무엇인지 깨달을 수 있다. 그렇게 몰디브는, 바쁜 일상에 찌든 도시인들에게 영혼의 안식처를 제공한다.

하지만 그래도 뭔가를 구경하고 또 뭔가를 체험하고픈 건 여행자의 본능. 몰디브는 그러한 여행자의 본능도 놓치지 않는다. 몰디브의 수천여 개의 섬 가운데, 리조트가 위치한 섬은 총 87개. 섬에는 각기 하나의 리조트만이 존재한다. 철저한 관리와 단절 속에 각각의 섬은 독특한 분위기를 풍기면서, 여행자로 하여금 너무 번잡스럽지 않게 섬을 즐길 수 있도록 배려하고 있다. 우선 수상 빌라는 몰디브의 자연을 만끽할 수 있는 숙소를 제공한다. 그리고 그곳에서 계단을 통해 바로 연결이 되는 바다, 인도양. 투명한 바닷속엔 삼삼오오 모여 물속을 노니는 물고기들이 가득하다. 내친 김에 스노클링 장비를 갖춰 입고 바닷속으로 풍덩 뛰어들면, 우리에게 너무나 익숙한 니모를 비롯하여 이름 모를 수없이 많은 물고기들과 함께 수영을 하는 진귀한 경험을 할 수 있다.

시간적 여유와 여행자의 호기심이 조금 더 있다면 '섬 속의 섬'이라는 주제로 몇 개의 다양한 리조트들을 돌아가며 묵는 것도 좋은 여행 방법이 된다. 다양한 리조트를 경험한다는 것이 곧 다양한 섬을 여행하는 것이기 때문이다. 섬의 위치에 따라, 그리고 리조트의 바라보는 방향에 따라 인도양과 몰디브는 새로운 모습을 드러낼 것이다. 비슷한 듯 다른 그 풍경들 속에서 여행자는 지루함을 느낄 틈도 없이 행복한 시간을 보내게 되리라.

얼마 전 TV에서는 몰디브의 수상과 각료들이 스킨스쿠버 차림으로 등장해 '지구를 지키자'는 캠페인을 벌였다. 이 이벤트는 단순한 쇼가 아니었다. 관광객을 모으기 위한 광고도 아니었다. 바로 지구온난화에 대한 경고이자 그것을 함께 막아 보자고 하는 간절한 절규였다. 1,200여 개의 섬으로 이뤄진 몰디브는 평균 해발고도가 2m에 불과하다. 그런데 최근 지구온난화로 빙하가 녹으면서 해마다 몰디브의 해수면이 상승하고 있는 것이다. 이대로 지구온난화가 지속되고 남극 대륙마저 녹아 내리기 시작하면 몰디브는 영원히 바닷속으로 사라져 버릴 위기에 처하고 만다. 과연 인간들은 지상에서 몇 남지 않은, 태곳적 신비를 오롯이 간직한 몰디브마저 잃고 말 것인가. 신의 선물을 이렇게 잃고 말 것인가. 몰디브의 아름다운 섬 그리고 인도양 앞에서 더 이상 인간이 자연에 해가 되지 않았으면 좋겠다는 바람을 가져본다. ◌

산호바다로 둘러싸인 몰디브는 현대 도시인들에겐 진정 낙원이다.

동남아시아의 최고봉을 오르다, 말레이시아 '코타키나발루'

하늘 솟아오른 남봉의 웅장한 모습.

트레커가 발아래로 펼쳐지는 운무대해를 감상하고 있다.

키나발루 산 정상은 거대한 화강암으로 이뤄져 있다. 사진은 당나귀 봉우리.

　적도의 작렬하는 태양 아래 보르네오 섬이 있다. 그리고 그 북단에 자연의 신비를 고스란히 간직한 곳 코타키나발루가 있다. 에메랄드빛 산호바다와 동남아시아에서 가장 높은 키나발루 산 그리고 수천여 종의 식물이 자라는 밀림 지역으로 유명한 코타키나발루는 고립된 열대 섬이 빚어 내는 대자연의 힘이 느껴지는 땅이다. 최근 들어 이곳은 밀림과 바다를 동시에 즐길 수 있는 여행지로 급부상하면서 세계 여행자들의 관심과 시선을 한 몸에 받고 있다.

　특히 키나발루 산은 산을 좋아하는 여행자들을 해마다 수천 명씩 코타키나발루로 끌어 모으는 일등공신이다. 동남아시아 최고봉을 자랑하지만 키나발루의 매력은 정상뿐만 아니라 그곳에 오르는 길 위에도 있다. 원시의 밀림 숲을 간직한 키나발루 국립공원은 다양한 식물군과 850여 종의 나비 그리고 오랑우탄의 세계 최대 서식지로 알려져 있다. 고도에 따라 달라지는 식물들을 구경하는 재미도 쏠쏠하다. 저지대는 지구의 허파로 불리는 아마존처럼 빼곡히 밀림 지대가 형성되어 있고, 고도가 높아짐에 따라 참나무, 무화과나무, 철쭉나무 등이 중간 지대를 형성한다. 3,500m를 넘으면서부터 나무는 자취를 감추고 키 작은 풀들만이 화강암 틈새에서 강인한 생명력을 자랑하며 서식하고 있다. 작은 벌레와 곤충을 잡아먹는 식충식물 네펜데스 빌로사는 산행의 보너스.

　키나발루는 참 너그러운 산이다. 산을 좋아하는 사람이라면 남녀노소 할 것 없이 누구에게나 자신의 정상을 허락한다. 일 년 내내 만년설로 덮여 있어 전문 산악인이 아니면 정상으로의 접근을 허락하지 않는 히말라야와는 다르다. 하지만 정상에 이르는 길을 열었으되 그 절경을 아무나에게 보여주는 것은 아니다. 키나발루의 정상인 로우봉, 존스봉, 남봉 등 신이 빚어 놓은 아름다운 고봉들은 기상이 허락하지 않는 한 그 누구에게도 제 모습을 보여주지 않는다. 키나발루의 진면목은 쉽사리 드러내지 않는 것이다. 키나발루 산 정상의 변화무쌍한 날씨는 좀체 가늠할 수가 없다. 적도의 눈부신 햇살이 비추다가도 난데없이 먹구름이 몰려와 소낙비를 내린다. 한 치 앞을 내다

볼 수 없는 짙은 안개가 바다에서 불어오는 바람 몇 줌에 개는 것도 한 순간이다.

원시의 밀림과 800m에 이르는 거대한 화강암 산길을 오르고도 오직 하늘이 허락해야만 그 정상을 온전히 마주할 수 있는 신비의 산, 키나발루. 그러하기에 오래전부터 이곳에 삶의 뿌리를 내렸던 토착민 카다잔족은 키나발루를 가리켜 '죽은 자를 숭배하는 장소'란 의미의 '아키나발루'라 부르며 아주 신성한 산으로 여겨왔다. 카다잔족은 사람이 생을 마치면 그들의 영혼은 하늘로 올라가지 않고, 키나발루 산꼭대기에서 또 다른 삶을 영위한다고 생각했던 것이다.

말레이시아에서 최초로 세계자연유산으로 선정된 키나발루 국립공원에서의 산행은 아주 흥미롭다. 우선 해발 4,095m의 키나발루 정상을 오르기 위해서는 반드시 1박 2일의 시간이 필요하다. 그것도 기상이 좋은 날에만 등반이 가능하다. 기상이 좋지 않으면 정부에서 입산을 허가 하지 않기 때문이다.

코타키나발루 시내에서 자동차로 2시간 남짓 달리면 팀포혼 게이트와 메실라우 게이트 등 두 개의 입산 루트를 만나게 된다. 대부분 등산객들은 팀포혼 게이트를 통해 올라갔다가 다시 그 길로 내려온다. 하지만 키나발루 밀림과 자연의 아름다움을 만끽하길 원한다면 메실라우 케이트로 올라간 뒤 팀포혼 게이트로 내려오는 코스를 추천한다.

어떤 코스를 택하든 6~7시간의 산행 후면 해발 3,273m에 위치한 라반라타 산장에서 만나게 되어 있다. 높은 고도에 위치한 산장이지만 아늑한 침실에 따뜻한 물이 나오는 샤워실에 뷔페식을 즐길 수 있는 식당까지 시설은 수준급이다. 긴 산행으로 지친 몸을 달래기엔 이만한 곳도 없지 싶다. 거기에 붉은 석양과 칠흑 같은 밤하늘의 은하수는 키나발루 정상을 향한 도전에 용기를 북돋아 주기에 충분하다.

키나발루 산의 정상 그리고 일출을 향한 여정은 이틀날 새벽 2시 30분에 다시 시작된다. 칠흑 같은 어둠을 뚫고 화강암 골짜기를 오르다 보면 어느새 여명이 발밑으로 다가선다. 3시간의 새벽 산행 끝내 마침내 로우봉 정상에 도달한다. 두 눈을 감고 양팔

위 | 바람도 구름도 사람도 잠시 쉬었다가는 키나발루 산. 아래 | 코타키나발루는 산 위에도 산호섬이 있는 휴양 도시다.

을 벌려 키나발루의 모든 정기를 가슴으로 안아 본다. 맑고 차가운 공기가 폐부와 머릿속까지 깊숙이 파고들어 상쾌함을 전한다. 동시에 눈앞에는 믿을 수 없는 광경이 펼쳐진다. 푸른 여명이 떠난 자리에 붉은 태양이 나타나 존슨봉과 남봉을 따뜻한 햇살로 감싸고, 산봉우리들 아래로 밤새 머물렀던 구름들은 서서히 자취를 감춘다. 날이 밝아올수록 서서히 그 모습을 드러내는 키나발루만의 절경은, 고난의 행군을 마친 여행자들에게 최고의 선물이자 기쁨이다.

그러나 여행자들이 정상에서 보낼 수 있는 시간을 그리 길지 않다. 높은 고도와 차가운 바람, 그리고 시시각각 변하는 날씨 탓이다. 일출을 보고 기념사진 몇 장 찍고 나면 여행자들은 너나없이 하산 길로 돌아선다. 아찔할 만큼 가파른 화강암 지대를 다시 내려가는 길, 노곤함이 밀려온다. 그 피로와 아쉬움을 달래주기 위해서일까. 하산 길에는 어둠 속에서는 볼 수 없었던 키나발루의 아름다운 모습이 선명하게 펼쳐진다. 날렵한 봉우리, 리듬감이 살아 있는 능선이 자꾸만 뒤를 돌아보게 만든다. 구름 한 점과 바람 한 줌도 신의 허락이 있어야만 머무를 수 있는 키나발루는 지상의 또 다른 낙원임에 틀림없다. ¤

수많은 힌두 신과 살아 있는 처녀 신 쿠마리가 있는 땅, 네팔 '카트만두'

과거에 네팔은 카트만두 왕국, 파탄 왕국, 박타푸르 왕국으로 이루어져 있었다. 사진은 파탄 왕국의 모습.

보다나트는 천 년 전에 세워진 거대한 불탑이자 카트만두의 상징이다.

"한 노인이 왕으로부터 사원을 지을 땅을 받기로 약속받는다. 단, 물소 한 마리로 덮을 수 있는 만큼이다. 이에 노인은 기지를 발휘한다. 물소의 고기를 얇게 저며 펼쳐 놓은 것이다. 이렇게 해서 얻어 낸 넓은 땅에 노인은 사원을 지었다. 이 사원이 남아시아 최대 스투파를 자랑하는 스와얌부나트 사원이다."

네팔을 여행한 유럽인 프릭 패트릭은 "집이 있는 만큼 사원이 있고 사람들만큼이나 신상이 있다."고 했다. 그만큼 종교적 믿음이 강하고 신화와 전설이 많다는 이야기이다. 그의 말처럼 '히말라야의 나라' 네팔은 종교와 신화와 전설 없이는 충분히 이해할 수가 없다. 헤아릴 수 없이 많은 힌두신은 그렇다 치더라도 살아 있는 처녀 신 '쿠마리'를 현대인이 어떻게 이해하고 받아들일 수 있단 말인가. 하지만 네팔에서라면, 그것이 네팔의 문화라면 이해 못 할 것도 아니다. 매일 아침 신상 앞에서 경건하게 기도를 드리는 것으로 하루를 시작하는 네팔, 생활이 종교고 종교가 곧 삶인 네팔에서라면 말이다.

네팔의 수도 카트만두가 언제부터 생겨났는지는 명확하지 않다. 신화와 전설이 심하게 혼재되어 있어 무엇이 사실인지를 파악하기 어렵기 때문이다. 다만 대략적으로 기원전 2000년부터 인도에서 건너온 아리안 계통 네왈족들이 이곳에 살기 시작했다고만 전해진다. 이후 4세기에 리차비 왕조가 들어서고, 15세기부터 18세기까지 말라 왕조가 집권하면서 오늘날 카투만두의 찬란한 문화유산들을 만들어냈다.

카트만두는 5개의 봉우리로 둘러싸인 분지 지역이자 갠지스 강 원류가 되는 바그마티 강과 비쉬누마타 강이 합류하는 지점에 위치한 고대 도시다. 3세기 초 수도로 지정된 카트만두는 줄곧 정치와 경제 그리고 문화의 중심지였고, 인도와 티베트 사이 중계 무역으로 성장한 교통의 중심지였다. 한때 '칸티풀'이라 불리기도 했던 카트만두는, '나무'를 의미하는 '카트'와 '사원, 건축물'을 의미하는 '만디르'에서 그 이름이 유래하였다고 전해진다.

이른 아침 카트만두 풍경은 대단히 인상적이다. 햇빛이 반짝할 때까지 카트만두의 아침은 늘 어둡다. 전기 공급이 원활치 않기 때문이다. 짙은 안개라도 낀 날이면 한 치 앞을 분간하기조차 힘들다. 게다가 공기 또한 매캐하다. 값싼 연료를 이용하는 오토바이와 자동차들이 공기를 오염시킨 때문이다. 분지 지형이라 오염된 공기는 도시 밖으로 빠져나가지 못하고 늘 카트만두에 머무른다.

하지만 햇빛이 환하게 내리쬐기 시작하면 카트만두는 활기를 되찾는다. 매캐한 공기야 여전하지만, 그것이 네팔의 찬란한 문화유산을 숨기지는 못하기 때문이다. 그래서 여행자는 마음도 발길도 분주해진다. 카트만두는 네팔 역사상 가장 찬란한 문화를 꽃피웠던 말라 왕조 시대의 독립된 세 왕국 달발, 파탄, 박타푸르의 문화유산이 고스란히 간직되어 있는 도시다. 이 왕국의 주인들은 15세기 카트만두 계곡 일대를 통일했던 말라 왕조의 마지막 왕 야크샤 말라의 세 아들들이다. 이들은 각각 왕국을 맡아 18세기까지 번영을 누렸다.

카트만두 시내에서 가장 먼저 눈에 띄는 곳은 구왕궁이 자리한 달발 광장이다. '달발'은 '왕, 왕궁'을 지칭하는 말로, 이 달발 광장 주변으로 다양한 볼거리가 흩어져 있다. 16~17세기에 지어진 말라 왕조의 왕궁, 네팔 사람들에게 매우 사랑받는 원숭이 신 하누만과 여섯 개 팔을 가진 시바 신 칼리 바이라브 석상, 힌두 양식과 불교 양식이 혼합된 쿠마리 사원 등이 그 대표적인 예이다.

카트만두 시내에서 2m 정도 벗어나면 유네스코가 지정한 세계문화유산 스와얌부나트가 있다. 네팔에서 가장 오래된 불교 사원인데 일명 '몽키 사원'으로 불린다. 사원 주위에 야생 원숭이들이 군락을 이루어 여행자와 신도들이 주는 먹이로 살아가고 있기 때문이다. 이 사원이 지어진 연대는 정확히 알 수 없지만 석가모니가 깨달음을 얻었을 때와 거의 비슷한 시기에 건립되었다고 한다. 사원 중앙부에는 티베트 불교 성지이자 세계 최대 스투파 즉 불탑인 보다나트가 있다. 보다나트에는 부처의 눈이 새겨져 있다. 그 눈이 오늘도 변함없이 신도들의 삶을 지켜보고 있다. 특히 이 사원은 불교 사원이면서도 내부에 힌두 사원이 있어 네팔만의 독특한 사원 분위기를 느낄 수 있다.

박타푸르 왕국의 한 건물은 레스토랑으로 개조되어 여행자들을 맞이하고 있다.

위 | 세계문화유산으로 지정된 카트만두 구시가지의 왕궁은 오늘날 일반인들의 쉼터가 되고 있다.
아래 | 대부분의 네왈족들은 힌두교를 믿는다.

　동서로 25km, 남북으로 19km의 그리 크지 않은 수도, 카트만두. 하지만 크기가 작다고 해서 카트만두에 볼거리가 적을 거라고 생각해선 안 된다. 도시 안을 가득 메운 사원과 신상, 그리고 쉼 없이 기도를 올리는 신도와 승려들의 경건한 모습이 끊임없이 펼쳐지기 때문이다. 여기에 여행자의 관심과 열정이 조금만 더 추가되면, 카트만두는 그들의 신화와 종교를 통해 더 다채로운 모습을 여행자에게 선물할 것이다. 그것만으로도 카트만두는 충분히 흥미롭고 즐거운 곳이 된다. ☒

세계에서 가장 높은 곳에서 학교를 다니는 세르파족 초등학생들의 모습은 우리의 70년대를 떠올리게 한다.

만년설의 파노라마를 마주하다, 네팔 '솔로쿰부'
ASIA | 025 | NEPAL

아름다운 지구별에서 가장 넓은 곳이 태평양이라면 가장 높은 곳은 어디일까. 그렇다. 에베레스트다. 예로부터 티베트에서는 초모룽마로, 네팔에서는 사가르마타라고 불렸던 8,848m의 높이를 자랑하는 세계의 최고봉. 에베레스트는 영국, 스위스, 구소련 등의 탐험대가 수차례 정복을 시도하였으나 실패한 끝에, 1953년 5월 29일 뉴질랜드 출신의 에드먼드 힐러리와 셰르파 텐징이 첫 등정에 성공하였다. 드디어 히말라야의 신이 정상에 이르는 길을 인간에게 허락한 것이었다. 이후 에베레스트는 전 세계 산악인은 물론 여행자들의 로망을 자극하며 점점 대중화되었고, 이제는 건강한 육체만 있다면 누구나 오를 수 있는 다양한 트레킹 코스를 가진 세계적인 여행지가 되었다.

에베레스트로 향하는 첫 번째 관문은 카트만두다. 네팔의 수도 카트만두는 낡은 차량과 질 나쁜 연료의 사용으로 늘 자욱한 매연과 스모그로 가득 차 있다. 그래서 카트만두의 시계는 늘 흐리고 답답하다. 히말라야의 만년설을 볼 수 있는 날도 일 년에 며칠이 채 되지 않는다. 히말라야의 설산을 볼 수 있다는 설렘을 갖고 네팔에 막 도착한 여행자들에게는 여간 실망스런 일이 아닐 수 없다.

하지만 실망을 하기에는 이르다. 히말라야의 설산은 카트만두 시내를 조금만 벗어나면 어디서든 만날 수 있기 때문이다. 눈으로 직접 설산을 보게 되면, 왜 다들 그렇게 평생에 한번은 히말라야의 설산을 꼭 마주 봐야 한다고 얘기하는지 백 번 공감이 간다. 기기묘묘한 설산의 자태는 자연이 선물한 최고의 작품이다.

히말라야는 산스크리트어 '하얀 눈'을 뜻하는 '히마'와 '머무르는 곳, 집'을 뜻하는 '라야'가 합쳐져 '늘 하얀 눈이 머무르는 곳', 즉 '만년설이 있는 곳'을 의미한다. 이 히말라야를 오르는 트레킹 지역은 크게 세 곳이다. 세계에서 일출이 가장 아름답다는 안나푸르나 지역, 멋진 빙하 계곡을 가진 랑탕 지역, 그리고 에베레스트 봉우리가 속해 있는 솔로쿰부 지역이다. 한국 여행자들은 대부분 휴식을 취하기 좋은 도시 포카라가 있고 비교적 등반이 쉬운 안나푸르나 지역의 트레킹 코스를 선호한다. 그러나 에베레스트를 볼 수 있으며 셰르파족 마을을 둘러볼 수 있는 솔로쿰부 지역의 트레킹 코스 역시 인기가 대단하다.

솔로쿰부 지역에서는 에베레스트를 비롯해, 로체로체, 아마다블람 등 히말라야 고봉들의 파노라마를 감상할 수 있다. 과거에는 그 멋진 파노라마를 보기 위해서 꽤 오랜 시간을 걸어야만 했다. 하지만 지금은 수도 카트만두와 해발 2,800m의 루크라를 오가는 경비행기가 생긴 덕분에 트레킹에 소요되는 시간이 절반 이하로 줄어들었다. 루크라 비행장에 내려서면 여행자들은 기분이 묘해진다. 시골 간이역만큼이나 작은 비행장의 소박함과 눈앞에 펼쳐진 히말라야 고봉의 장엄함과 온몸을 감싸는 고산 공기의 신선함 때문에 말이다.

이 지역의 트레킹 코스는 내내 8,000m의 고봉을 바라보며 걸을 수 있는 환상의 코스다. 지겨울 만큼 만년설을 보는 즐거움도, 시시각각 모습을 달리하는 고봉들의 변화무쌍함을 감상하는 기쁨도 모두 여행자의 것이다. 더불어 문명사회에서 잠시 떨어져 보는 신비로운 경험을 할 수 있다. 솔로쿰부에는 전기가 들어오지 않는 마을이 많아 도시에서는 만나기 어려운 칠흑 같은 밤을 만날 수 있다. 그래서 일찍 어둠이 내리고 나면 트레커들은 숙소 로지의 난롯가에 삼삼오오 모여 여행담을 나누거나 카드놀이를 하면서 시간을 보낸다. 여기에 네팔의 전통주 '창'이 더해지면 분위기는 한껏 달아오른다. 때로는 함께 트레킹을 하는 셰르파들과 하루의 고단함을 나누기도 한다. 셰르파란 원래 네팔의 산악 지대에 거주하는 한 민족의 이름인데, 고소 적응 능력이 뛰어난 이들이 히말라야 고봉을 오르는 산악 원정대의 안내자 및 짐꾼으로 활약하게 되면서 네팔 지역의 가이드나 포터 등을 통칭해서 셰르파라고 부르게 되었다. 트레커들에게 셰르파야말로 없어서는 안 될 소중한 동행이자 귀한 안내자가 아닐 수 없다.

트레킹 코스를 따라 루크라, 팍딩, 몬조 등을 지나고 나면 남체 바자르에 도착한다. 남체 바자르는 솔로쿰부에서 가장 번화하고 규모가 큰 마을이다. 티베트 상인들도 여기에서 물건을 팔기 위해 산을 넘어 온다. 마을 이름에 '시장'을 의미하는 '바자르'가 붙은 까닭도 그 때문이다. 그런가 하면 남체 바자르는 트레커들이 고산에 적응하기 위

에베레스트 뷰 호텔에서 그윽한 카푸치노 한 잔을 마시며 바라보는 히말라야 산군.

해 하루 이틀 푹 쉬어 가는 마을이기도 하다. 앞으로 일주일을 더 걸어 에베레스트 베이스캠프에 닿기 위해 몸과 마음을 가다듬고 휴식을 취하게 되는 마을인 것이다.

남체에서 경사가 70도를 넘는 가파른 고갯길을 넘으면 절대미를 자랑하는 히말라야 산군이 눈앞에 펼쳐지고 에베레스트의 위엄 있는 자태가 모습을 드러낸다. 특히 동틀 무렵의 풍경은 도저히 형언할 방도가 없다. 만년설이 일출의 노랗고 붉은빛에 물들었다가 다시 하얀빛을 발하는 그 변화의 과정은, 어떤 수식어로도 충분히 묘사할 수가 없다. 그저 히말라야의 신성함 앞에 겸허히 고개를 숙이고 때 묻은 영혼의 정화를 구할 수밖에. 그렇게 어지러운 마음을 텅 비우고 히말라야의 기운을 듬뿍 담아 돌아오는 솔로쿰부 여행은, 그래서 가장 의미 있는 여행으로 남을 것이다. ◌

바위에 티베트 불경을 새겨 행복을 비는 세르파 족.

어릴 적부터 말 타기를 배우며 살아가는 몽골의 어린 소년.

칭기즈칸의 후예들이 살아가고 있는 곳, 몽골 '울란바토르'
ASIA | 026 | MONGOL

몽골 사람들은 커다랗고 둥근 모양의 전통 가옥 게르에서 온가족이 함께 생활한다.

　　인류 최대의 정복 국가, 몽골. 칭기즈칸은 광활한 초원을 달려 서쪽으로는 헝가리 동부까지 동쪽으로는 고려까지 정복하여 대제국을 건설했다. 천하를 손아귀에 넣었던 칭기즈칸의 나라, 몽골. 몽골이란 이름은 어느 부족의 이름이었는데, ‘용감하다’란 의미를 지니고 있었단다. 칭기즈칸이 초원의 유목민을 하나둘씩 규합한 뒤 통일된 부족 국가를 만들면서 이 몽골이란 이름을 가져 왔다고 한다. 우리가 잘못 사용하고 있는 몽고란 국가명은, 중국인들이 청나라 때 ‘몽매한 야만인’의 의미로 불렀던 이름이라 한다.

　　세계를 호령했던 칭기즈칸의 후예들이 소박한 꿈을 꾸며 사는 울란바토르는 때 묻지 않은 순수한 영혼의 땅이다. 몽골 전체 인구의 1/3이 살고 있는 울란바토르는 몽골의 수도이자 최대 도시이며 교통과 산업의 중심지이다. 울란바토르는 빠르게 변화하고 있다. 칭기즈칸이 대륙을 달릴 때 타고 다니던 말이 일본과 한국산 중고차로 바뀐 지 이미 오래다. 몽골의 전통 가옥 게르는 현대식 아파트로 대체되었고, 낡은 건물엔 상점과 레스토랑과 PC방이 즐비하다. 대제국의 수도가 문명의 낡아 빠진 모습을 뒤집어 쓴 듯해서 어쩐지 안쓰럽다.

　　울란바토르는 해발 1,300m에 위치한 고원 도시다. 원래 이곳은 유목민의 특성상 몽골 군주가 계절에 따라 머무르던 주둔지 중 하나였는데, 1639년 제브춘담바 쿠둑투가 궁전과 다후레 사원을 세우면서 점차 도시의 면모를 갖추게 되었다. 다후레 사원은 살아 있는 부처 보드고 게겡의 거주지이자 티베트 불교의 활불들이 200여 년 동안 머물렀던 몽골 최대의 불교 사원이다. 티베트의 라싸와 마찬가지로 종교적 색채가 강했던 이 도시는 러시아의 점령으로 사회주의적 색채를 띠기 시작하는데, ‘붉은 영웅’이란 의미의 ‘울란바토르’란 지명이 생긴 것도 이때부터다.

　　울란바토르를 포함하여 몽골의 역사가 궁금하다면 몽골 자연사 박물관으로 가면 된다. 이동을 일상으로 했던 유목민의 특성상, 몽골의 유물들은 다른 나라들만큼 다양하지는 않다. 하지만 이곳에 전시된 두 개의 공룡 화석은 세계적으로도 유명하다.

이들은 고비 사막에서 발견된 것들인데, 높이가 8m, 15m에 이를 만큼 거대해서 입이 쩍 벌어진다. 이 박물관에는 또 한 가지 재미있는 것이 있는데, 바로 이곳에서 한국에 있는 것과 유사한 유물들을 많이 볼 수 있다는 점이다. 전통 혼례 때 얼굴에 찍는 연지 곤지와 머리에 쓰는 족두리, 아이를 낳고 대문에 치는 금줄, 망치, 톱 등 너무 비슷해서 놀랄 정도다. 사실 이런 문화의 원조는 몽골이다. 오랜 전쟁 혹은 교류를 통해 몽골의 문화가 한국에 유입되고 정착되어 두 나라가 유사한 문화를 공유하게 된 것일 뿐이다.

그 외에도 울란바토르에는, 몽골의 종교와 정치 지도자 복드 칸이 궁전으로 사용했던 복드 칸 겨울 궁전, 몽골의 혁명가 수쿠바타르의 정신이 깃든 수쿠바타르 광장, 1810년 몽골에서 가장 큰 규모로 지어진 티베트 사원인 간단 사원 등의 볼거리가 있다. 그중에서 특히 수쿠바타르 광장은 울란바토르 시민들이 가장 좋아하는 장소다. 1921년 바로 이곳에서 중국으로부터의 독립을 선언했던 곳이기 때문이다. 혁명의 영웅 수쿠바타르의 이름을 딴 이 광장에는 말을 탄 그의 조각상이 세워져 있는데, 그 밑에는 “만일 우리 민족이 다 함께 힘과 의지를 모은다면 이루지 못할 일이 없다. 우리의 의지가 살아 있는 한 우리는 결코 실패하지 않을 것이다.”라는 그의 말이 새겨져 있다.

칭기즈칸이 건설했던 대제국을 상상하며 울란바토르를 향한다면 조금은 실망하게 될지도 모르겠다. 울란바토르엔 그의 영광 대신 그의 후예들이 만들어 가는 소박한 삶만이 이어지고 있기 때문이다. 하지만 그런 아쉬움도 잠시다. 울란바토르에서 조금만 벗어나면 대초원이 펼쳐지기 때문이다. 그곳엔 끝이 보이지 않는 지평선이 있고 게르가 있으며 진짜 유목민이 있다. 몽골 여행은 울란바토르를 벗어나는 순간 시작되는지도 모르겠다. ◌

게르 앞에서 어색한 포즈를 취하고 있는 몽골 소년.

기마 민족답게 몽골 사람들은 남녀 상관없이 말 타기를 배운다고 한다.

황금빛 불교 사원으로 빛나는 배낭여행자들의 천국, 태국 '방콕'

배낭여행자의 천국, 방콕. 값싼 물가에 여행자들을 위한 각종 편의 시설이 갖춰져 있어 언제나 여행자들로 북적이는 곳. 방콕에는 특히 장기 배낭여행자들이 많다. 중동과 인도를 돌고 온 여행자들이 본격적인 아시아 여행을 준비하기 위해, 유럽의 비싼 물가에 지친 여행자들이 휴식을 취하기 위해, 아시아를 돌고 오세아니아 대륙으로 넘어갈 여행자들이 숨을 고르기 위해, 방콕으로 몰려든다. 그래서 여행자 거리 카오산 로드는 늘, 여행자들이 내뿜는 뜨거운 에너지로 가득 차 있다. 하지만 방콕이 중간 정거장 역할만을 하는 것은 아니다. 차오프라야 강과 다양한 불교 사원, 시원한 마사지와 다채로운 먹거리까지, 방콕은 그 자체로도 훌륭한 목적지가 된다.

차오프라야 강의 비옥한 삼각주에 위치한 방콕은, 사실 현지인들에겐 '크룽텝'이나 '프라나콘'이란 이름으로 불린다. 전자는 '천사들의 도시', 후자는 '하늘의 수도'를 의미한다. 이 이름들은 방콕이 태국인들에게 어떤 의미인지 짐작케 한다. 방콕이 태국의 수도로 자리한 건 그리 오래되지 않았다. 1767년 미얀마가 옛 샴 왕국의 수도인 아유타야를 침략했을 때 프야 탁신 장군이 1만 명의 군대를 이끌고 방콕을 거쳐 미얀마

군을 물리쳤다. 그 후 탁신 장군은 스스로 자신을 왕으로 칭하고 지금의 방콕 지역을 샴의 수도로 정하면서 방콕의 역사는 시작되었다. 하지만 방콕은 샴 왕국의 수도인 아유타야로 가는 길목에 있었던 탓에 유럽인들과 상인들은 방콕을 중요한 도시로 인정하지 않았다. 그러자 탁신 왕은 수도로 당당히 인정받을 수 있도록 왕궁을 이전시키고 정부 청사와 국회 등 여러 정치적 시설물을 건립하였다. 그 결과 지방 마을에 불과했던 방콕이 세계적인 도시로 커나가게 되었다.

태국은 아시아의 다른 나라들과 달리 식민 지배를 받은 역사가 없다. 영국과 프랑스 식민지의 경계로서 행운을 누린 덕분이다. 또한 미얀마와의 전쟁을 제외하고는 거의 전쟁이 없었다. 덕분에 방콕에는 아름다운 왕궁과 사원이 즐비하다. 전쟁의 피해를 입지 않은 탓에 지어질 때의 화려함과 완벽함을 그대로 간직한 채 말이다. 그래서 황금빛 혹은 붉은빛 뾰족한 지붕을 얹은 400여 개의 불교 사원들은 방콕의 상징이 되었다.

방콕의 대표 사원으로는 왓 프라케오가 있다. 태국에서 가장 성스러운 사원으로 꼽히기도 하는 이곳은, 다른 사원과 달리 승려가 아닌 왕이 직접 관리하고 있다고 한다. 이곳은 에메랄드 사원이라고도 불리는데, 그것은 본존에 있는 '플라깨오'라는 옥으로 만들어진 에메랄드 불상 때문이다. 이 사원은 남색과 주황빛이 어우러진 3층 지붕과 화려한 모자이크로 장식된 벽면 그리고 열대의 뜨거운 태양으로 빛나는 황금빛 불탑으로 유명하다.

왓 아룬은 차오프라야 강 서쪽에 위치한 사원이다. 일명 새벽 사원으로도 불리는 이곳은, 미얀마가 쳐 들어왔을 때 아유타야를 탈환한 탁신 왕이 이곳에서 새벽녘에 기도를 올렸다고 해서 이름이 붙여진 것이다. 탁신 왕이 통치하는 동안에 왓 아룬은 태국 제1의 사원으로서 역할을 다했다. 왓 포도 여행객들이 많이 찾는 사원이다. 방콕에서 가장 넓은 규모를 자랑하는 이 사원은, 총 길이가 46m에 이르는 거대한 와불상으로 유명하다.

아유타야를 침략한 버마군을 물리치기 위해 탁신 장군이 기도를 올리며 마음을 다졌다는 새벽 사원의 조각상.

　　방콕의 사원이 태국인들의 불심을 보여 준다면 차오프라야 강은 태국인들의 실제 삶을 보여 준다. 차오프라야 강 위를 시원하게 달리는 수상 버스에 오르면 진짜 현지인들을 만날 수 있다. 교복을 갖춰 입고 학교로 향하는 학생들의 소란스러운 재잘거림도 들을 수 있고, 장에서 산 물건 바리바리 싸들고 집으로 돌아가는 아낙네의 미소를 볼 수도 있다. 수상 시장은 태국 사람들의 생활상을 더 가까이서 볼 수 있는 곳이다. 비록 지금은 현지인보다는 관광객을 상대로 하는 시장이 되었지만, 그래도 강 위를 떠다니는 작은 배에서 만나는 다채로운 열대 과일과 야채, 그리고 각종 생필품은 그 자체로 태국인들의 생활상이자 신선한 볼거리가 된다.

　　태국은 뜨겁다. 열대의 태양이 뜨겁고 후텁지근한 공기가 뜨겁고 여행자들의 에너지가 뜨겁다. 배낭여행자들을 위한 휴식처에서 이제는 여행자들의 로망이 되어버린 태국의 방콕. 그곳으로의 여행이 그립다. ◻

방콕에서 가장 이색적인 볼거리를 제공하는 수상 시장.

1782년 라마 1세에 의해 세워진 왕궁은 태국인들의 정신적 지주가 되는 곳이다.

위 | 왕궁 안에는 화려한 탑과 조각상으로 치장된 사원 왓 프라케오가 있다.
아래 | 1782년에 건축된 왓 프라케오에는 태국인들이 국보 1호로 꼽는 75cm 높이의 신비스러운 에메랄드 불상이 있다.

미얀마의 불심을 담은 '천탑千塔의 도시', 미얀마 '바간'

이라와디 강 동쪽 연안에 자리한 미얀마의 수도이자 캄보디아 앙코르와트, 인도네시아의 보로부두르 유적과 함께 세계 3대 불교 유적지로 꼽히는 도시, 바간. '천탑千塔의 도시'란 이름에 걸맞게 바간에는 미얀마인들의 불심이 알알이 박힌 불탑이 수천여 개에 이른다. 바간의 불탑은 11세기경 불교를 정치적 이념으로 삼은 바간 왕조에 의해 건축되기 시작하였는데, 전성기에는 무려 6,000여 개에 이르렀다고 한다. 이후 원나라의 침입으로 화려했던 불교 시대는 마감하였지만, 2,500여 개의 불탑은 여전히 남아 바간을 세계문화유산으로 빛나게 하고 있다.

이른 새벽 파고다 꼭대기에 내려다보이는 불탑의 풍경은 그야말로 장관이다. 수천여 개의 불탑에 담긴 숭고한 불심에 숙연해질 정도다. 불탑마다 담고 있을 애절한 사연들과 그 벽돌 하나하나를 쌓을 때마다 무명의 장인들이 불어넣었을 예술적 영혼이 오롯이 느껴지는 듯하다. 『미얀마 산책』의 저자 크리스틴 조디스는 바간을 가리켜, "아름다운 풍경에서도 슬픔이 묻어나는 곳"이라고 말했다. 그가 본 것이 바로 이 바간의 아침 풍경이 아니었을까. 정글 사이로 수백 수천의 사원과 탑이 솟아 있는 바간의 아침 풍경은 위대하고 장엄하지만, 장인들의 예술적 고뇌가 서려 있어 슬프게 느껴졌던 것은 아닐까.

바간에서 여행자들이 가장 많이 찾는 탑은 쉐지곤 파고다이다. 이 불탑은 바간 왕조의 설립자인 아나우라타 왕이 타톤을 정복하고 세운 기념물로 바간 유적지에서 보물 1호로 지정되었다. '황금 모래 언덕의 탑'이라는 뜻의 쉐지곤 파고다는 황금색의 웅장한 모습이 인상적이다. 또한 '미얀마 탑의 어머니'라고 불릴 만큼 역사적으로도 예술적으로도 의미 있는 곳이다.

쉐산도 파고다는 바간에서 가장 로맨틱한 분위기가 연출되는 곳이다. '황금빛의 부처님 머리카락'이란 뜻을 지니고 있는 이 탑 역시 아나우라타 왕이 건축하였는데, 쉐지곤 파고다보다도 먼저 건축된 것으로 기록되어 있다. 그 건축미가 뛰어나서 쉐지곤 파고다의 모델이 되기도 했다고 한다. 그 아름다움 때문에 쉐산도 파고다는 이른 아침 혹은 해질 무렵이면 여행자들로 북적인다. 그리 높지 않은 계단을 따라 탑에 오르면 바간의 아름다운 전경이 펼쳐지기 때문이다. 아침에는 자욱한 안개가, 해질녘에는 붉게 타오르는 노을이 만들어 놓은 바간의 신비로운 풍경은, 미얀마를 떠난 후에도 오래도록 지워지지 않을 명장면이 될 것이다.

쉐지곤 파고다와 쉐산도 파고다 외에도 둘러볼 만한 탑이 몇 군데 더 있다. 1091년에 지어졌으며 '부처님의 끝없는 지혜'를 상징하는 아난다 파고다, 바간에서 가장 오래된 역사를 자랑하는 부 파고다, 1218년에 우산을 던져 왕위 계승을 받은 왕이 아버지의 뜻에 감사하기 위해 지었다는 틸로민로 파고다 등이 그 대표적인 예이다. 이처럼 바간의 불탑들은 그 모양도 모양이지만 사연도 각기 다르다. 그 안에 담긴 무수히 많은 신화와 전설을 하나하나 곱씹어 가며 바간의 불탑들을 둘러본다면 그 또한 흥미진진한 여정이 되지 않을까. 순례자가 되어 경건한 마음으로 땅의 질감을 맨발로 느껴 가며 사원과 불탑이 내뿜는 고요함과 평온함을 한껏 누린다면, 그 이상의 평화로운 여행은 없을 듯하다. ◻

수천 개의 불탑들이 마치 서방 정토를 연상케 하는 바간.

아난다 사원에는 높이 9.5m의 목재 불상이 동서남북 네 방향에 모셔져 있다.

황금색 첨탑이 인상적인 아난다 사원의 외부전경

학승들이 점심 공양을 위해 길게 줄을 서 있다.

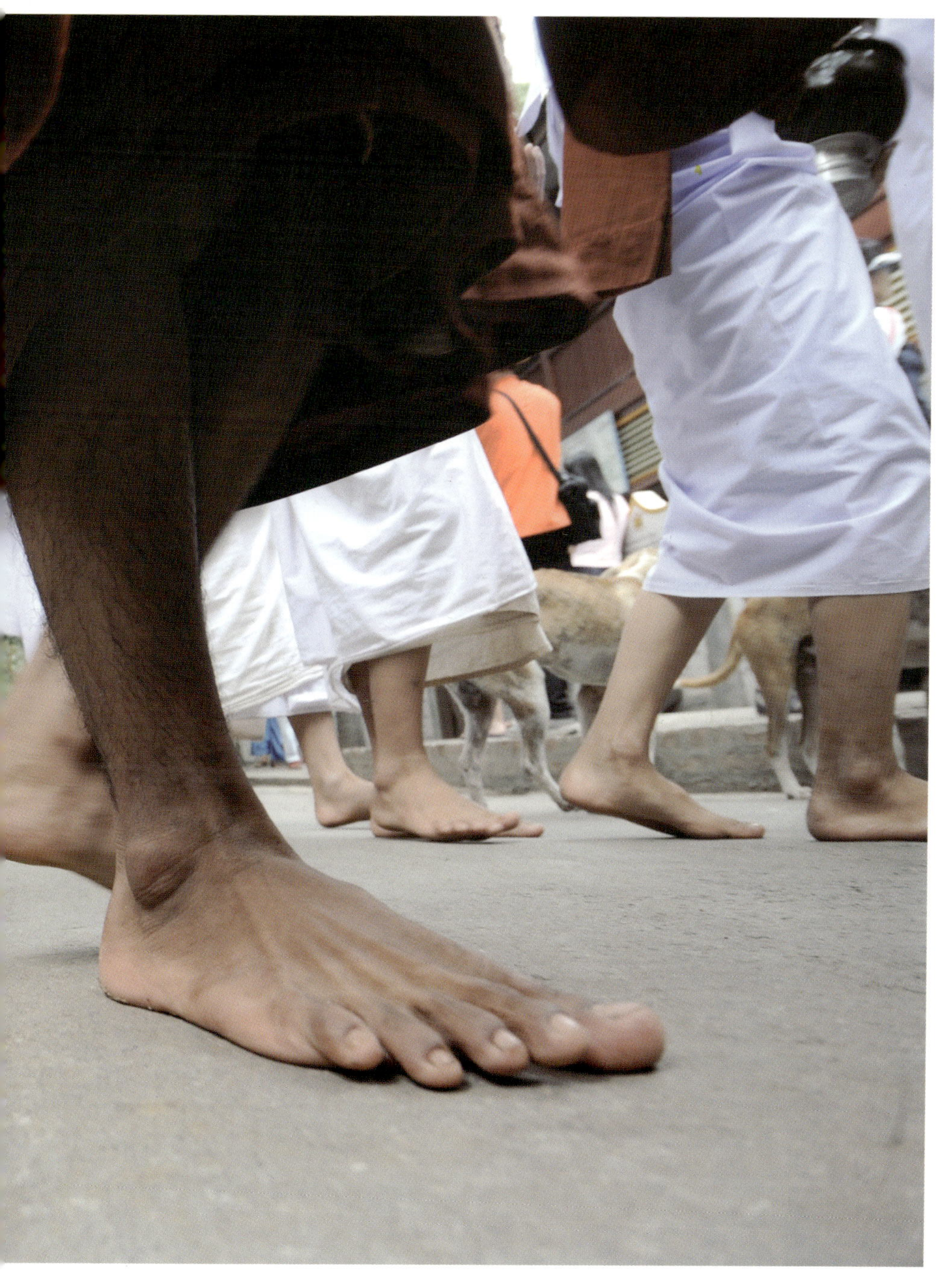

1,969개의 기암괴석이 만든 한 폭의 수묵화, 베트남 '하롱베이'

지난 2009년, 세계 7대 불가사의를 선정한 재단에서는 '경이로운 지구의 풍경'으로 7곳을 선정하였다. 여기에는 호주의 그레이트 배이어 리프, 미국의 그랜드 캐니언, 그리고 우리나라의 제주도 등과 함께 베트남의 하롱베이가 포함되었다. 1,969개의 기암괴석이 푸른 바다 위로 우뚝 솟아 한 폭의 수묵화를 연출하는 하롱베이는, 그 탄생의 신비와 수려한 경관 덕분에 1994년 유네스코로부터 세계자연유산으로 지정된 바 있다. 이후 이 특이한 지형을 보고자 찾아오는 관광객은 1996년 24만 명, 2000년 85만 명, 2005년 150만 명, 2008년 300만 명 등으로 급증하고 있다.

하롱베이는 지형만 독특한 게 아니다. 다른 해변 도시들에서 볼 수 있는 세 가지가 없다는 특이 사항이 있다. 우선 바다에서 생선 비린내가 나지 않는다. 그리고 창공을 가로지르는 갈매기가 없다. 그리고 높은 파도가 없다. 그래서 여행자들은 유람선으로 하롱베이 위를 떠다니면서 마치 호수 위를 떠다는 착각마저 하게 된다. 이 하롱베이에는 소설 같은 전설 하나가 내려온다. 바닷가에 위치한 탓에 늘 해적과 외적의 침입을 받아야 했던 이곳에, 어느 날 아홉 마리의 용이 나타나 이들을 물리친 후 진주를 입에 물고 하늘로 올라가 바다를 향해 내뿜자 그 진주가 수천여 개의 섬으로 바뀌었다는 것이다.

하롱베이는 베트남의 수도 하노이에서 차로 3시간 거리에 있다. 하노이에서 당일치기로도 관광이 가능하기에 하롱베이는 하노이 시민들이 가장 많이 찾는 해변 휴양 도시이기도 하다. 하롱베이 해변은 뜨거운 열대의 태양 아래 일광욕을 즐기기에 충분하다. 파도 또한 높지 않기 때문에 해양 스포츠도 어렵지 않게 즐길 수가 있다.

하지만 하롱베이에 왔다면 배를 타 봐야 한다. 자그마한 나무배를 타고 하늘에서 뿌려 놓은 수천여 개의 섬 사이를 유유히 흐르다 보면, 바다를 벗 삼아 살아가는 현지인들의 소박한 수상생활을 볼 수 있다. 크루즈를 타면 좀 더 먼 바다로 나갈 수 있다. 보통 6시간 정도가 소요되는 크루즈는 기암괴석 사이를 오가며 섬이 그려내는 색다른 풍경을 보여 준다. 먼발치에서는 비슷비슷하게만 생긴 섬들은 가까이 다가갈수록 자신만의 독특한 자태를 드러내는 탓에, 여행자는 크루즈 내내 긴장과 호기심을 놓을 수가 없다.

크루즈는 다양한 일정으로 준비되어 있다. 며칠 동안 배에서 먹고 자고 하면서 섬을 도는 장기 코스가 있는가 하면, 하롱베이의 석양과 야경을 바라보며 저녁 식사를 할 수 있는 선셋 크루즈 코스가 있다. 당일 크루즈는 여행자들에게 가장 인기 있는 코스로, 단순히 바다 위를 떠다니며 기암괴석을 구경하는 데 그치지 않고 현지인들이 살고 있는 수상 가옥을 방문하게 해 주는가 하면 바위 정상에서 하롱베이를 조망할 수 있는 티톱 섬에도 정박한다.

러시아 우주 비행사의 이름을 딴 티톱 섬은 하롱베이의 항구에서 대략 2시간 정도 떨어져 있다. 선착장 주변으로는 작은 모래 해변이 있어서 일광욕과 해수욕을 즐기기에 안성맞춤이다. 또한 하롱베이의 섬들을 한눈에 볼 수 있는 전망대도 있다. 선착장에서 428개의 가파른 계단을 오르고 나면 중국풍의 아름다운 정자 하나가 나오는데 이곳에 서면 발아래로 하롱베이의 섬이 그야말로 한 폭의 수묵화처럼 펼쳐지는 것

베트남하면 떠오르는 세 가지는 아오자이와 전통 모자 논 그리고 오토바이 물결이다.

신의 솜씨로 빚어진 하롱베이의 아름다운 풍경.

이다. 후텁지근한 아열대의 공기를 견디며 숨 가쁘게 올라온 여행자들에겐 최고의 보상이다.

　2억 7천만 년 전 바다 밑에서 솟아오른 섬, 그리고 아홉 마리의 용이 토해 놓은 진주의 섬, 하롱베이. 신비로운 역사와 신비로운 전설 속에 하롱베이의 석회 기암괴석은 눈부시게 빛난다. 태양빛을 가득 담은 바다 역시 눈이 시리도록 아름답다. 겸재 정선이 그려 낸다 한들 이 아름다움을 완벽하게 담아낼 수 있을까. 감탄하고 있는 여행자의 시선 속에 돛을 활짝 펴고 유유히 흘러가는 목선 하나가 들어온다. 그야말로 화룡점정이 아닐 수 없다. ♡

형형색색의 과일이 인상적인 하롱베이.

멜론과 오렌지를 실은 작은 자전거. 베트남 상인들의 전형적인 모습이다.

구절양장의 좁은 협곡을 따라가면 신비함을 가득 품은 페트라를 만나게 된다.

사막 한가운데 피어난 붉은 요새, 요르단 '페트라'

죽순처럼 하늘 높이 솟아오른 기암괴석들.

페트라는 황량한 모래사막과 나무 한 그루 없는 암석으로 둘러싸여 있다.

'요르단의 보물'로 불리는 페트라는 황량한 사막에서 만나는 찬란한 문화 유적지다. 우리에게는 스티븐 스필버그의 영화 〈인디아나 존스 – 마지막 성배〉의 촬영 장소로 잘 알려져 있다. 붉은 바위 위에 삶의 꽃을 피웠던 페트라는, 뉴욕 타임지에서 선정한 '죽기 전에 꼭 가봐야 할 곳'이자 유네스코가 지정한 세계문화유산이다.

이른 아침 영롱한 장미빛으로 물드는 페트라는 여행자에게 황홀경을 선사한다. 깎아지른 절벽 틈새로 햇살 몇 줄기가 파고들면 페트라는 아름다운 자태를 드러낸다. 그 신비로운 모습을 보고 있자니 세상에 이렇게 불가사의 한 도시가 또 있을까 싶다. 페트라가 특별한 이유는 험준한 바위산에 세워진 도시이기 때문이다. 높은 산꼭대기에 성이나 사원 등을 지어 외적으로부터 침입을 막는 고대 도시는 많지만 수많은 바위산을 병풍처럼 등지고 좁은 협곡 사이에 도시를 건설한 것은 페트라가 유일하지 않을까.

요르단의 수도 암만에서 서남쪽으로 150km 떨어진 곳에 위치한 페트라는 아랍계 유목민 베두인의 조상 나바테아인들에 의해 해발 950m에 건축된 산악 도시이다. 그들은 가파란 바위산을 파내고 그 안에 불가사의한 도시를 건설했다. 또한 특유의 부지런함과 성실함으로 중국, 인도, 남아라비아와 이집트, 시리아, 그리스, 로마 등에 향신료 중계 무역을 하며 번영을 누렸다. 놀랍게도 이 고대 도시 페트라가 발견된 것은 1812년이다. 6세기경 지진으로 도시 전체가 흙에 묻혀 버렸는데, 그것을 스위스 작가 요한 루트비히 부르크하르트가 발견한 것이다. 현재 우리가 여행할 수 있는 페트라는 나바테아인들이 건설한 도시 전체 중 1/4에 불과하다.

그리스어로 '바위'란 의미를 가진 페트라는, 중국 둔황 동굴처럼 300m에 이르는 험난한 붉은 바위를 깎고 파내어 궁전, 보물 창고, 무덤 등을 만들었다. 세계 8대 불가사의로 불릴 만큼 자연과 인간의 손길이 오묘한 조화를 이루고 있다. 영국 시인 존 버건은 페트라를 "영원한 시간의 절반만큼 오래된, 장밋빛 같은 붉은 도시"라고 했다. 거친 듯 부드러운 듯, 단순한 듯 정교한 듯 바위 속에 새겨진 아름다움이 2,000여 년이 흐른 오늘에도 그 화려한 빛을 뿜어낸다.

　　나바테아인들이 건축한 비밀의 도시 페트라로 들어가려면 좁고 가파른 절벽으로 둘러싸인 협곡 '시크'를 통과해야 한다. 1km 남짓한 시크 옆으로는 거대한 붉은 사암이 두터운 성벽마냥 이어진다. 하늘에서 보면 마치 거대한 바위 틈새로 뱀이 꿈틀대는 듯하다. 이렇게 좁은 협곡 사이에 길을 낸 것은 적으로부터 안전하게 도시를 보호하기 위해서다. 외적의 침공 시 협곡 위에서 돌을 굴리거나 화살을 쏘아서 적이 도시 내로 들어오는 것을 막고자 했던 것이다. 페트라가 현재까지 완벽하게 보존되어 있는 것도 바로 이렇게 자연 지형을 잘 활용하여 만들어진 덕분이다.

　　시크 끝머리에 다다르면 첫 번째 유적 알 카즈네를 만난다. 붉은빛을 가득 품고 고고한 자태로 서 있는 알 카즈네는, 너비 30m, 높이 43m의 부조 건물이다. 기둥이나 벽을 세우지 않고 오로지 바위를 정교하게 다듬고 파내어 만든 알 카즈네를 보고 있노라면 인간의 위대함이 느껴진다. 로마 극장 역시 거대한 바위산을 깎아서 만들었는데, 나바테아인들의 기발한 독창성과 뛰어난 건축술을 한눈에 보여준다. 사람의 손에 의해 하나씩 깎인 계단이 33층이요, 좌석은 자그마치 7,000여 명을 수용하는 규모다. 이곳에서 페트라의 각종 행사, 회의, 종교의식 등이 열렸다고 한다.

　　사막 한가운데 피어난 붉은 꽃 페트라. 나바테아인들의 건설한 이 도시 위를 걷노라면 여행자는 고대 유목민의 열정과 지혜, 그리고 인간의 위대함을 다시 생각해 보게 된다. ¤

위 | 아랍계 유목민 베두인의 미소. 아래 | 좁은 협곡 시크에서 낙타를 타고 여행을 즐기는 관광객.

영국 시인 존 버건은 페트라를 가리켜 "영원한 시간의 절반만큼 오래된, 장밋빛 같은 붉은 도시"라고 했다.

모세의 영혼이 깃든 성지 그리고 사해가 유혹하는 이색적 휴양지, 요르단 '마다바'

마다바 시내에 있는 성 게오르그 교회 내부. 비잔틴 시대에 그려진
아름다운 성화와 모자이크가 거의 훼손되지 않은 채 남아 있다.

　　요르단의 수도 암만에서 남쪽으로 30km 달려가면 ‘죽음의 바다’ 사해로 유명한 마다바가 나온다. 마다바는 ‘메데바’란 이름으로 더 잘 알려져 있는데, 이는 ‘모자이크의 도시’라는 뜻이다. 구약 성서에는 모세가 사망한 곳으로 기록되어 있기도 하다. 도시 북서쪽에 느보 산이 위치하고 있는데 바로 이곳에서 모세가 ‘약속의 땅’ 가나안을 바라보며 죽었다. 모세의 영혼이 깃든 마다바는, 지난 2000년 교황 요한 바오로 2세가 직접 산을 방문하면서 세계의 주목을 받았다.

　　척박한 환경으로 둘러싸인 마다바지만 구약과 신약 성서에는 성스러운 도시로 기록되어 있다. 꼭 성서의 기록이 아니더라도 마다바를 돌아보면 이곳이 얼마나 성스러운 도시였는지를 알 수 있다. 성 게오르그 교회에는 모자이크로 표현된 6세기의 성지 지도가 세월의 먼지를 뒤집어쓰고 오늘날까지 전해 오고 있다. 수만 개에 이르는 형형색색의 작은 돌들이 예루살렘, 성묘 교회, 사해, 예리코, 요르단 강 등 성경의 여러 성지들을 표현하고 있다. 천년의 세월을 훌쩍 뛰어넘은 비잔틴 시대의 성화들도 생생하다. 손을 대면 금방이라도 묻어 나올 것 같은 색감들이 비잔틴 회화의 정수를 보여 준다.

　　마다바 시내를 조금 벗어난 곳에 느보 산이 있다. 홍해를 가르고 행복의 땅을 찾아 나섰던 모세의 영혼이 깃든 느보 산 말이다. 교황 요한 바오로 2세가 방문했을 만큼 느보 산은 기독교와 가톨릭 신자에게 아주 중요한 성지다. 성서에서 느보 산은 하나님이 이스라엘 백성을 이끌고 광야를 헤매던 모세에게 가나안 땅을 건너다보게 했다는 산이다. 하지만 모세는 사해와 요르단 강 계곡, 느보 산 꼭대기에서 가나안 땅을 바라다보았을 뿐 ‘약속의 땅’에는 가 보지 못한 채 숨을 거뒀다. 그런 이유로 일찍이 느보 산은 예루살렘으로부터 온 유대교도들과 초기 기독교인들의 성지가 되었다. 산 정상에는 모세의 일생을 기리기 위해 건설된 작은 교회가 있다. 지금도 이곳에서는 프란체스코 수도회 수사들의 관리 하에 예배 의식이 진행되고 있다. 교회의 규모는 크지 않지만 모세의 영혼이 깃든 때문인지 어느 교회보다 성스럽다.

　　교회 앞마당에 서면 발아래로 멀리 요르단 강과 예루살렘 언덕 그리고 사해가 시원하게 펼쳐진다. 사해는 수면이 해면보다 낮아 지구상 최저점을 기록하는데, 해발 고도가 -395m에 이른다. 구약 성서 창세기에 따르면, 사해 주변에는 5개의 고대 성읍이 있었다. 그중 가장 타락한 곳이 소돔과 고모라였고 신은 이 두 곳을 불로 멸망시켰다. 아브라함의 조카 롯의 아내는 성읍에 남은 재산이 아쉬워 뒤를 돌아보다 소금 기둥이 됐다고 한다.

　　히브리어로 사해는 '소금 바다'를 뜻한다. 사해는 염분이 워낙 많기 때문에 힘을 빼고 가만히 누워만 있으면 자연스럽게 물에 뜬다. 수영을 못하는 사람이라도 누구나 수영을 할 수 있는 천혜의 바다인 것이다. 게다가 사해 주변의 진흙은 보드랍고 미네랄이 풍부해 피부 미용에 아주 좋단다. 덕분에 사해는 새로운 휴양지로 각광받고 있다. 사해 주변에 들어선 세련된 호텔과 각종 편의 시설이 이를 증명한다.

　　성서에 기록되어 있는 성스러운 땅 마다바. 모세의 영혼이 깃든 마다바가 이제는 종교적 성지라는 의미를 뛰어넘어 현대인들에게 이색적인 휴양지로 다가오고 있다. 아이러니하긴 하지만 그 변화가 참 재밌다. ⌀

어떠한 생명체도 살지 않는 신비의 바다, 사해.

느보 산 정상에는 모세의 영혼을 기리기 위해 세워진 작은 교회가 있다. 이곳에 서면 사해가 눈에 들어온다.

성 게오르그 교회 내부에 그려진 비잔틴 시대의 성화들.

제노비아 왕비의 당당함이 살아 숨 쉬는 오아시스 도시, 시리아 '팔미라'

풀 한 포기 자라지 않는 황량한 사막 한가운데 위치한 인간의 위대한 유적지, 팔미라. 영원히 파랄 것 같은 하늘 아래로 벅찬 감동의 이야기가 전설처럼 수천 년을 이어져 오고, 영원한 제국 로마의 힘이 노란 대리석 곳곳에 스며 있는 이곳은, 어떤 형용사로도 표현할 수 없는 고대의 아름다움과 신비로움을 간직하고 있다. 그래서 여행자라면 누구라도 팔미라의 황홀경에 빠지지 않을 수 없다.

시리아 사막 한가운데에 그리고 지중해와 유프라테스 강의 중간 지점에 위치하고 있는 팔미라는, 풍부한 물을 바탕으로 성장한 사막의 오아시스이자 실크로드의 중계지로서 그 역할을 하였다. 이미 기원전 4세기경부터 주요 대상 도시로 기능하였던 셈이다. 이렇게 동·서양의 문화와 교역을 담당하면서 엄청나게 축적한 부를 기반으로, 팔미라는 로마 제국의 속국으로서 가장 아름다운 로마 건축물들을 지어나갔다. 그 건축물들 속에 지중해의 강성했던 대제국 로마의 향기가 고스란히 담겨 있다.

팔미라는 유적 전체를 돌아보는 데 꼬박 하루 정도가 걸릴 만큼 거대한 유적지를 자랑한다. 총면적만 6km²에 달하는데다, 보존 상태가 좋은 기념 건축물이 많기 때문이다. 그래서 중동에서도 이름난 로마 유적지다. 동·서양 중간에 위치했다는 지정 학적 이유 때문에 팔미라 유적은 아랍, 유대, 헬레니즘과 로마 등 여러 민족과 국가의 문화적 요소가 혼합된 독특한 형태의 문화와 예술이 형성됐다. 특히 주목해 볼만한 곳 으로는 바알 사원과 개선문, 원형 극장, 목욕장, '곧은 길', 의사당 건물과 공동묘지 등 이 있다.

역사적으로 '팔미라'라는 이름은 기원전 20세기에 제작된 아시리아의 점토판에 등장한다. 또한 유프라테스 강 중류에 번성했던 고대 국가 마리의 점토판에도 등장한 다. 그 기록에 따르면 팔미라는, 이라크와 현재의 시리아, 레바논, 요르단에 해당하는 알 샴 사이를 오가며 중국의 비단을 팔던 대상 무역상들의 쉼터 역할을 하던 곳이다. 로마 제국의 안토니우스의 침공을 받아 잠시 몰락의 길을 걷기도 하였으나 1세기경 다 시 실크로드의 중계지로서 부흥하였다. 이때 팔미라는 로마와 파르티아 두 제국 사이 에서 중립적 위치를 지키며 도시의 황금기를 잠시 맞았다가 183년 결국 로마의 속주 가 되었다.

로마의 속주로서 팔미라는 종종 페르시아와 전쟁을 치러야 했다. 그러던 중 오데 나토스 왕이 페르시아를 물리치게 되고, 그 공을 인정받아 261년 로마의 갈리에누스 황제로부터 자치권을 부여 받아 어느 정도의 독립성을 갖게 되었다. 하지만 오데나토 스 왕의 부인이었던 제노비아 왕비는 이에 만족할 수 없었다. 그녀는 로마와의 적대적 관계를 표방하면서 팔미라의 완전한 독립과 세력 확장에 안간힘을 썼다. 하지만 그녀 의 정책은 도리어 화가 되었다. 이에 분노한 로마의 아우렐리아누스 황제가 이 도시를 점령하면서 아름다운 유적들을 무자비하게 부숴 버렸다. 제노비아의 막강했던 독립 의지도 이쯤에서 꺾이고 말았다. 이후 비운의 길을 걸으며 팔미라는 아랍에 의해 그리 고 우마이아 왕조에 의해 점령되고 초토화되면서 역사의 뒤안으로 사라지고 말았다.

사막의 오아시스로 그리고 실크로드의 중간 기점으로 번성을 누렸던 팔미라. 하 지만 로마와 아랍과 페르시아 등 거대한 제국들 틈바구니에서 팔미라는 그 꽃을 제대

시리아 사막의 오아시스 도시 팔미라는 지중해와 유프라테스 강의 중간 지점에 위치한 고대 로마 도시이다.

팔미라는 기원전 4세기부터 발전하여 중요한 대상 도시가 되었다.

아스라한 영화로움이 느껴지는 팔미라의 유적.

바알샤민 사원에 있는 테트라필론은 사원 유적 중 보존이 가장 잘 되어 있는 것으로 2세기 초에 세워졌다.

로 피워 보지 못한 채 인류사에서 조용히 사라져야 했다. 하지만 그들이 남긴 유적은 살아남아 21세기의 현대인들에게 다하지 못한 이야기를 전하고 있다. 그 유적지들을 둘러보노라면, 로마 제국이라는 '골리앗'에 당당히 맞섰던 '다윗' 제노비아 왕비의 철학과 용기에 새삼 머리를 조아리게 된다. ☼

실크로드 요충지에서 만나는 이슬람, 시리아 '다마스쿠스'

다마스쿠스는 율리우스 황제 시절 '동양의 진주'라 불렸다. 코란에는 '아람의 기둥이 많은 도시'라고 표현되어 있다.

아잔의 코란 소리가 울려 퍼지는 이슬람 모스크와 상인들의 외침이 가득한 재래 시장, 과거 우마이야 왕조의 귀족적 분위기와 시민들의 서민적인 모습이 앙상블을 이루는 매력적인 도시 다마스쿠스. 이 도시는 우리나라가 이제 막 부족 국가의 형태를 갖추고 있었을 때 이미 유럽과 아시아를 잇는 실크로드의 요충지로서 번성을 누렸던 도시이다. 시리아의 중심 도시이면서 주변 중동 국가들의 정신적, 물질적 중심이 되는 도시 다마스쿠스로 여행을 떠나 보자.

다마스쿠스는 참 다양한 이름을 가지고 있다. 과거 동·서양을 오가던 카라반들은 이곳을 '향기의 도시'란 의미의 '알 파이하'를 비롯해, '알샴', '졸라크' 등으로 불렀다. 코란에는 '아람의 기둥이 많은 도시'로 표기되어 있으며, 기원전 3,000년경 제작된 점토판에는 '다메스키'로 기록되어 있다. 아람 왕국의 중심지 역할을 했던 기원전 2,000년경에는 '관개 시설이 된 집'이란 의미의 '다르 미지크'라는 이름으로 불리기도 했다. 그런가 하면 고대 이집트 파라오 시대에는 '다메스카'라는 이름이 사용되었다. 로마 제국의 율리우스 황제는 다마스쿠스를 가리켜 '동양의 진자'라는 말로 극찬할 만큼 이 도시를 사랑했다고 한다.

다양한 이름만큼이나 역사도 깊다. 다마스쿠스는 7세기 우마이야 왕조 시절, 아랍 국가 최초의 수도가 되면서 황금기를 누리기 시작하여 100여 년간 젊은 이슬람 왕국의 중심지 역할을 하였다. 이 시기에 도시의 경계도 최대로 확장되어 서쪽으로는 대서양 연안과 피레네 산맥, 동쪽으로는 인더스 강과 중국에까지 미쳤다. 그러나 우마이야 왕조의 몰락과 함께 다마스쿠스도 방치되기 시작하며 퇴보의 길을 걷기 시작했다. 그렇게 역사의 뒤안으로 사라지나 싶었는데, 1946년 시리아가 독립을 쟁취하면서 다마스쿠스는 아랍 세계의 정치적, 문화적 중심지로서 제 위치를 되찾게 되었다.

오랜 역사와 다양한 이름으로 잔뜩 기대를 안고 들어선 여행자에게는, 다마스쿠스가 조금은 실망스러울지도 모르겠다. 유구한 역사를 자랑하는 도시임에도 여행자를 맞이하는 건 극심한 교통 체증과 산비탈에 들어선 낡은 달동네이기 때문이다. 하지만 첫인상은 실망하는 것도 잠시, 여행자는 이내 흥분 모드로 돌입하게 된다. 바로 우마이야 모스크 때문이다. 세계문화유산으로 지정된 이 모스크는 715년에 세워져 세계에서 가장 오래된 모스크이자 이슬람교의 4대 성지로 꼽히는 곳이다. 10년에 걸쳐 건축된 모스크 내부에는 성 요한의 시신이 안치되어 있다고 한다.

모스크 바로 옆에 다마스쿠스 재래시장 숙이 있다. 도시에서 가장 활기가 넘쳐 나는 이곳은, 그야말로 아랍의 풍물을 한눈에 볼 수 있는 절호의 찬스를 제공한다. 숙은 크게 3개 지역으로 나뉘는데, 과일과 야채 등 청과물을 주로 거래하는 하미디에 숙과 우마이야 모스크에서 아스 사우라 거리까지 이어진 우마이야 숙 그리고 아랍요리와 향신료를 주로 취급하는 숙이 그것이다. 이 중에서 우마이야 숙은 다마스쿠스에서 가장 큰 규모의 재래시장으로 주로 카펫과 금은 등의 액세서리, 그리고 생활용품 등이 거래된다. 그래서 사람들이 가장 많이 모이는 곳이기도 하다.

수천 년의 아랍 문화가 깊이 배어 있는 재래시장에서 여행자는 진짜 이슬람을 만난다. 그들의 얼굴과 풍물을 통해 우리에겐 아직 멀기만 한 이슬람을 가까이서 마주하게 되는 것이다. 그리고 모스크에서 무슬림들의 알라를 향한 진실한 믿음을 엿본다. 그들의 종교의식은 너무나도 경건해서 다마스쿠스를 떠나서도 영원히 잊히지 않을 장면으로 남을 것이다. ☼

고대 도시의 이미지는 온데간데없고, 산비탈에 빼곡하게 들어선 집들만이 다마스쿠스의 현재를 말해 준다.

다마스쿠스를 상징하는 우마이야 모스크.

중세 시대 다마스쿠스 중산층이 살았던 가옥이 도시 곳곳에 남아 있다.

높이 27m, 54개의 기둥이 있었던 주피터 신전은 로마 제국에서 가장 큰 규모를 자랑했다. 지금은 6개의 기둥만 남아 있다.

주피터 신을 향한 로마인의 열정을 담아, 레바논 '바알벡'

고대 로마의 문명은 그저 과거 이야기가 아니다. 21세기 과학 문명의 시대에도 고대 로마는 늘 화제의 중심에 있다. 특히 지진과 잿더미 속에 묻혀 있었던 로마 유적들이 하나둘씩 발견될 때면 세계의 학자들과 여행자들은 거의 환호에 가까운 탄성을 내지른다. 시리아 팔미라의 고대 도시, 영국 바스의 온천장, 세고비아의 수로 등은 로마인들이 우리에게 남겨 놓은 경이로운 유적들인 동시에, 토목 공학 기술, 주거지, 복잡한 수도 시설, 로마로 연결된 효율적인 도로 등을 통해 고대 로마가 고도의 기술을 갖춘 사회였음을 증명한다.

'영원한 제국' 로마는 유럽을 비롯해 요르단, 시리아, 터키 등 주변 여러 국가에 제국의 권위와 세력을 알리기 위해 석조 건축물을 많이 지었다. 그 건축물들에는 대리석을 나무 다루듯 했던 놀라운 로마의 건축 기술이 담겨 있다. 그 중에서도 레바논의 바알벡 신전은 로마 제국의 유적들 중에 가장 뛰어난 것으로 평가된다. 세계문화유산으로 지정된 이곳의 주피터 신전은 로마 제국에서 가장 큰 규모를 자랑한다. 그래서 베이루트 사람들은 바알벡 신전을 가리켜 레바논의 숨겨진 '진정한 보석'이라 부른다.

바알벡은 레바논 산맥과 안티 레바논 산맥 사이에 숨겨진 듯 위치하고 있다. 그 지리적 이유 때문에 기원과 역사도 그리 많이 알려지지 않았다. 그저 도시 이름에 바알 신이 등장하는 것으로 보아 바알 신과 깊은 연관을 가졌을 것이라고 생각될 뿐, 문헌적으로 증명된 별다른 정보가 없다. 그런가 하면 셈족어로 바알은 주인을 뜻하고, 벡은 이 일대의 베카 평야를 일컫는다. 따라서 바알벡은 '베카 평야의 주인'이라는 의미이기도 하다. 그 의미를 조합해 볼 때, 바알벡은 평야 지대에서 농업의 번성과 다산을 가져다 주는 바알 신을 주신으로 섬긴 종교 도시였던 듯하다.

원래 페니키아와 그리스인들이 이 지역을 지배했을 때 이들이 숭배한 신은 하다드였다. 헬레니즘 시기에 하다드는 태양신 즉 제우스와 동일시되었고, 도시명도 '태양의 도시'를 뜻하는 '헬리오 폴리스'였다. 그러나 로마 제국이 바알벡을 점령하면서 로마의 식민지로 전락하였고, 동시에 하다드 신 대신 로마가 믿었던 주피터 신, 바커스

위 | 베이루트에서 북동쪽으로 86km 떨어진 곳에 로마 제국의 영화로움이 고스란히 남아 있다.
아래 | 바카스 신전에 있는 모자이크.

바알벡에서 원형이 가장 잘 보존된 바카스 신전의 모습.

신 등을 숭배하게 되었던 것이다.

　로마 최초의 황제인 아우구스투스는 로마인들이 최고로 숭배하는 주피터 신을 기리기 위해, 원주민들이 제사를 지내던 바로 그 자리에 신전을 짓게 하였다. 바알벡에서도 마찬가지여서 주피터 신전은 바알벡 신전 입구에서 계단 몇 개 올린 곳에 지어져 있다. 지금은 6개의 앙상한 기둥만 남아 있지만, 고린도 양식으로 지어진 당시의 신전은 돌기둥 54개에 높이만 27m에 달했다고 한다. 아우구스투스 때 시작된 주피터 신전의 건축이 70여 년이 지난 네로 황제 때 비로소 완성될 정도다. 그 노력 덕분에 이 신전은 로마 제국에서 가장 큰 주피터 신전으로 명성을 날리며 로마인들의 새로운 순례지로서 각광을 받았다고 한다.

　또한 서기 150년경에 완성된 바커스 신전은 당시의 모습이 거의 완벽하게 보존되어 있다. 입구에 있는, 포도 나뭇잎으로 만든 왕관을 쓰고 있는 바커스 신의 벽화가 2,000년이 지난 지금까지 선명히 남아 있을 정도다. 하지만 눈부시게 아름다운 로마 유적은 시대를 달리하면서 크고 작은 시련을 겪게 된다. 콘스탄티누스 황제와 테오도시우스 황제 시대에는 신전이 교회로 바뀌었고 후에는 주교 관구가 되었다. 그러다 아라비안인의 침입으로 바알벡은 쇠락하기 시작하였고 이후 수세기간 반복된 대지진으로 폐허가 되고 말았다.

　레바논 바알벡 신전에선 로마 제국의 영화가 오롯이 느껴진다. 모진 풍파 속에 비록 6개의 기둥만 남겨졌을지언정, 주피터 신전만큼은 크고 멋지게 만들고 싶었던 그들의 진심과 숭고한 정신만은 퇴색되지 않은 채 오늘에 이르고 있다. 로마 제국은 역사의 뒤안길로 사라졌지만, 그들이 남겨 놓은 유적과 예술은 변함없이 생명력을 이어가고 있다. 그러하기에 로마는 진정 영원한 제국이다.　¤

2천 년이 지났어도 로마인들의 건축 기술은 언제나 현대인들을 놀라게 한다.

주니에 지역의 하리사 산정에서 내려다본 베이루트의 전경.

혼돈의 도시라서 여행자에겐 행복한 도시, 레바논 '베이루트'
ASIA : 035 : LEBANON

하리사 산정에 있는 성모 마리아 상.

시내에는 그리스도교 교회와 이슬람교 모스크가 많아 독특한 분위기를 연출한다.

‘중동의 파리’, ‘중동의 화약고’, 그리고 ‘중동의 종교 시장’ 등 레바논의 수도 베이루트를 수식하는 말들은 너무나 다양하다. 오랜 역사를 간직하고 있어 도시 풍경이 다채롭고 연중 300일 이상은 쨍한 지중해의 태양으로 보석처럼 빛나지만, 여러 종교가 한데 모여 공존과 전쟁 사이를 아슬아슬하게 오가는, 위태로운 도시이기 때문이다. 아시아, 아프리카, 유럽 등 세 개의 큰 대륙이 만나는 곳, 동방으로 가는 관문의 도시로 여겨졌던 곳, 베이루트로 여행을 떠나보자.

베이루트의 역사는 5천 년 전으로 거슬러 올라간다. 기원전 3,000년경부터 페니키아인이 지중해에 건설한 도시 국가 티루스와 시돈에서 출발한다. 이후 무역항으로 발전을 했지만 지리적 조건 탓에 바람 잘 날이 없었다. 고대 시대에는 바빌로니아, 페르시아, 로마, 헬라, 비잔틴 등에 의해 지배를 받았고, 11~12세기에는 셀주크 터키와 십자군의 전쟁 무대가 되었으며, 16세기에는 오스만 제국에 합병된 뒤 19세기까지 이슬람 세력하에 놓여 있었다. 그리고 또다시 프랑시의 식민 지배를 받다가, 1944년에야 비로소 독립을 하게 되었다.

베이루트가 그 천혜의 환경에도 불구하고 발전이 지지부진한 것은, 점령과 지배의 역사 때문이기도 하지만 종교 때문이기도 하다. 베이루트는 그 점령국에 따라 수차례 다른 종교의 지배를 받아야 했다. 로마 시대에는 가톨릭이, 비잔틴 시대에는 그리스도교가, 7세기 이후 아랍인이 베이루트를 정복한 뒤에는 이슬람교가 널리 퍼졌다. 그리하여 베이루트는 고대부터 믿어 오던 그리스 정교회, 아르메니아 정교회, 가톨릭교, 개신교, 이슬람교도의 수니파와 시아파 등이 어지럽게 섞여 있는 ‘종교의 시장’이 되었다. 전 세계 각지에서 일어나는 내전이 그러하듯이 다양한 종교는 레바논과 그 수도 베이루트에도 내전을 일으켰다. 17년간의 기나긴 내전 끝에, 대통령은 기독교도가 총리는 아랍 수니파, 국회의장은 모슬렘 시아파가 맡는 특이한 정치적 구조가 만들어졌다.

하지만 레바논의 어지러운 역사가 꼭 나쁜 것만은 아니다. 덕분에 베이루트에는 역사가 남긴 소중한 유적들이 많이 있다. 기원전 14세기경 이집트에서 발견된 설형문자와 성경에서 '베니게'란 이름으로 일찌감치 등장했던 베이루트는, 수천 년에 걸쳐 지중해의 무역을 장악하며 부와 명성을 누렸던 도시다. 오랜 역사와 화려한 명성에 걸맞게 이 도시에는, 오토만, 맘루크 왕조 시대, 십자군원정 시대, 아바시드, 우마이야 왕조 시대뿐 아니라 비잔틴, 로마, 페르시아, 페니키아, 그리고 가나안 시대 등 민족과 시대를 초월한 유적들이 산재해 있다. 오마리 모스크, 아사프와 아미르 문지르 모스크, 회랑이 늘어선 마라드 거리, 시청 건물, 국회 의사당, 네즈메 광장, 그리스정교 교회, 가톨릭 교회, 로마 목욕탕과 열주 등 어찌나 볼거리가 다양한지 그 속에서 길을 잃을 정도다.

　베이루트를 제대로 즐기려면 천천히 걸어 다니는 것이 제일 좋다. 함라 지역은 총을 든 군인과 로마 시대의 목욕탕, 이슬람 모스크, 그리고 조금은 낯선 쇼핑센터가 있어 이색적인 곳이다. 유명한 비둘기 바위가 있는 라우쉐 지역도 있다. 지중해 앞으로 세련된 카페가 늘어선 이곳은 밤이 되면 그야말로 로맨틱한 분위기가 연출되어 연인들에게 특히 인기 있는 곳이다. 레바논의 특산 요리를 비롯해 세계 각국의 음식을 맛볼 수 있어 미식가들이 즐겨 찾는 명소이기도 하다. 좀 더 특별한 산책을 원한다면 베이루트의 전경과 푸른 지중해를 동시에 감상할 수 있는 하리사 산에 올라보는 것도 좋겠다. 하리사 정상에는 언제나 푸근한 인상의 성모 마리아 상이 있고, 그 주변으로 그리스 정교회, 개신교 교회, 가톨릭 성당이 모여 있다. 성모 마리아 상은 20m가 넘는데, 마치 지중해와 베이루트를 살피듯 평화로운 모습이다.

　베이루트는 언제나 여행자의 허를 찌른다. 늘 예상을 벗어나기에 독특한 매력이 넘친다. 장갑차와 탱크 그리고 총을 든 군인들이 도시를 활보하는 모습은 설렘을 갖고 도착한 여행자를 잔뜩 긴장시킨다. 그러다 화려한 쇼핑센터와 세련된 카페로 여행자의 맘을 한껏 부풀려 놓는다. 아랍권임에도 온통 영어 알파벳으로 장식된 거리는 여행자를 어리둥절하게 만들고 기대했던 아잔의 우렁찬 코란 소리 대신 들려오는 마돈

'중동의 파리'라 불리는 베이루트는 중동의 다른 나라들에 비해 자유로운 분위기이다.
또한 시내에는 로마 유적지가 곳곳에 남아 있다.

나의 팝은 이곳이 중동인가를 의심케 한다. 어느 것 하나 새롭지 않은 것이 없고, 어느 것 하나 예사롭지 않은 게 없다. 그래서 베이루트는 재미있다. ¤

통곡의 벽에서 기도를 올리고 있는 정통파 유대인.

정통파 유대인들의 삶을 만나는, 이스라엘 '예루살렘'

　　지구상 가장 뜨거운 지역, 이스라엘의 예루살렘. 나라 없이 수천 년 동안 방랑하던 유대인들이 제2차 세계대전 이후 이곳에 정착하면서 언제나 전쟁의 불씨를 간직한 '중동의 화약고'가 되었지만, 사실 예루살렘은 파란 지중해를 끼고 있는 세계문화유산의 도시이다. 또한 늘 대립을 하고 있는 이슬람과 유대교 외에도, 그리스도, 가톨릭, 정교회 등 많은 다른 종교들의 성지이기도 하다. 그래서 예루살렘에서는, 정통파 유대인들이 통곡의 벽에 기대어 하루 종일 기도를 올리고, 푸른 돔 지붕의 성묘 교회 아래 예수의 무덤 앞에서 그리스도인들이 기도를 드리며, 노란빛 황금 지붕의 오마르 이슬람 사원에서 코란 소리가 울려 퍼지는 진풍경이 펼쳐진다.

　　샘족어로 예루살렘은 '아름답고 자비로운 신들이 머무는 터전'을 의미한다. 아랍인들은 '거룩한 도시'란 뜻의 '쿠드스'로, 로마인들은 '일리아 카토리나나'라고 불렀다. 해발 600~700m에 위치한 이 도시는 2천 년 역사 동안 20여 차례나 이민족에 침입당하는 수모를 겪었다. 알렉산더 대왕에게 점령당하는 것을 시작으로, 이집트, 로마 제국, 페르시아 제국 그리고 이슬람에 차례로 지배당했다. 십자군에 의해 100여 년간 그리스도교의 영향력 아래 놓였다가 이내 이집트와 터키의 지배를 다시 받기도 했다. 이와 같은 굵직한 제국들의 침입으로, 예루살렘은 서로 다른 민족과 종교와 문화가 부딪치면서 그만의 독특한 분위기를 만들어갔다. 그래서 예루살렘은 늘 위험하지만 매력적인 도시로 여행자들의 호기심을 자극한다.

　　예루살렘은 차이나타운이 없는 것으로 유명하다. 대단한 생명력과 결집력으로 전 세계 어디에나 차이나타운을 만들어 사는 중국인들도 발붙이지 못한 땅이 바로 예루살렘이다. 그만큼 유대인들은 배타적이다. 예루살렘을 여행하면서도 친절한 이스라엘을 꿈꾸기보다는 배타적인 이스라엘을 감안하고 다니는 것이 속 편할 정도다. 그래서 예루살렘이 더 재미있는지도 모르겠다. 철저한 배타성이 다른 문화와 뒤섞이지 않은 유대인들의 문화를 지켜가고 있기 때문이다.

　　특히 에루살렘의 메아 쉐아림이나 갈리리 호수 인근의 쉐파드 지역에 가면 시대를 초월한 정통파 유대인들의 삶을 엿볼 수 있다. 남자들은 모두 검은색 코트에 검은 중절모 차림이고, 여자들은 머리카락 한 올 보이지 않게 머리를 수건으로 감싸고 있다. 외지인들과는 전혀 말을 섞지 않을 정도로 아주 배타적인 그들은 오로지 율법만을 따르며 살아간다. 하루에 세 번 기도를 올리고 통곡의 벽에서 모세율법인 토라를 읽으며 하루 일과를 시작하는 모습을 보고 있노라면, 우리가 동시대인인가 하는 의심이 들 정도다.

그들의 삶은 이스라엘에서도 좀 유별나다. 이스라엘의 국민들은 보통 만 18세 이상이 되면 남녀를 불문하고 국방의 의무를 진다. 하지만 정통파 유대인들은 군대를 가지 않는다. 그들 대부분은 정부의 지원을 받아 적은 돈으로 검소하게 생활하고, 주일에는 어떠한 생산적 활동도 하지 않으며, 금요일 저녁부터 토요일 해질 때까지는 운전도 밥도 하지 않는다고 한다. 음식에 대해서도 엄격하여 생선은 비늘이 있는 것만을 먹고, 고기는 되새김질하는 동물만을 먹으며 고기와 우유는 절대로 같이 먹지 않는다. 결혼은 정통파 유대인과 결혼하는데, 낙태는 절대 안 되고 결혼하면 8명에서 14명의 아이를 낳는다. 현대인의 시선으로는 참으로 불편하고 갑갑한 삶이지만, 그들은 오랫동안 그러한 삶을 유지하면서 그들만의 정체성을 지켜나가고 있다.

시간이 허락하는 한 통곡의 벽이나 유대인 교회 시나고에서 하루 세 번 기도를 올리는 것이 가장 행복한 일상이라고 말하는 정통파 유대인들. 하지만 그들은 이스라엘의 주류가 아니다. 전체 인구 중 그들이 차지하는 비율은 단 5.5%에 불과하다. 많은 이스라엘인들이 변함없이 유대교를 믿지만, 엄격한 율법 대신 편리한 현대의 삶의 방식들로 살아가고 있다. 그 변화가 부디 배타적인 이스라엘에 긍정적 변화가 되기를, 그래서 예루살렘이 '중동의 화약고'가 아닌 '평화의 땅'이 되기를 바래 본다. ¤

노란 지붕의 모스크는 이슬람의 마호메트가 하늘로 승천했다는 곳이다.

위 | 예루살렘의 메아 쉐아림 지역은 정통파 유대인들이 모여 거주하는 곳이다.
아래 | 푸른 지붕의 교회 내부에는 예수 그리스도의 무덤이 있다.

이슬람의 역사를 간직하고 있는 낯선 땅, 이스라엘 '아코'

이스라엘의 텔 아 비브에서 지중해를 끼고 북서쪽으로 1시간 남짓 달려가면 세계에서 가장 오래된 항구 도시 아코를 만난다. 기원전 2000년경의 이집트 문헌과 성서의 판관기 1장에 등장할 만큼 유구한 역사를 자랑하는 아코는, 고대부터 지정학적 요충지로 인정받으며 동·서양의 다양한 종교와 문화 그리고 역사가 혼재된 도시로 성장하였다.

대부분의 지정학적 요충지가 그러하듯이 아코 역시 여러 민족의 침입과 점령을 피할 수는 없었다. 가나안, 페니키아인, 팔레스타인인 등의 선주민들이 고기를 잡으며 소박하게 살았던 아코는, 탈무드 시대에 이르러 지중해 연안에서 가장 큰 생선 도매 시장이 열릴 만큼 명성이 높아졌다. 그러자 주변 세력들이 이곳을 전략 요충지로 호시탐탐 노리기 시작했다. 유대인들이 그 첫 번째 세력이었다. 하지만 그들은 끝내 이곳을 함락시키지 못하고 점령에 실패했다. 그리고 기원전 336년 마케도니아 출신의 알렉산드로스 대왕이 처음으로 이곳을 점령한다. 알렉산드로스 대왕 이후 이집트에, 로마에, 페르시아에, 그리고 아랍에 차례로 점령되었다. 그리고 12세기에는 십자군에 의해 점령되면서 도시 이름이 '세인트 잔 다르크'로 바뀌었다. 이때 십자군은 지중해를 등지고 북동쪽으로 아주 견고한 십자군 성을 지어 1291년 이집트 맘루크 왕조와 피비린내 나는 혈투를 벌였지만 끝내 이슬람 세력에 무릎을 꿇었다. 결국 오스만 제국의 지배하에서 16세기부터 20세기까지를 보내다가 다시 영국군에 의해 점령된 뒤, 1948년 이스라엘이 성립되면서 오늘날에 이르고 있다.

아코는 오랜 역사와 여러 민족의 점령으로 다양한 시대, 다양한 문화의 유적을 간직하고 있다. 특히 2001년 세계문화유산으로 등재된 아코의 구시가지에 들어서면 아랍의 음식 냄새가 진동을 하고 아랍인 특유의 친절함이 느껴지며 차도르를 뒤집어 쓴 무슬림 여성들을 만나게 된다. 이스라엘이라는 게 믿기지 않을 정도이다. 또한 튼튼한 성벽 위에 올라서면 교회 첨탑과 모스크의 미너렛이 오버랩되면서 아코는 독특한 이미지로 다가온다. 중동에서 날카로운 대립각을 세우고 있는 유대교와 이슬람교가 공존하고 있는 모습이 여간 낯선 게 아니다.

프랑스의 나폴레옹조차도 넘지 못하고 돌아서야 했던 철옹성의 십자군 성벽. 거의 완벽하게 보존된 성벽 안으로 들어서면 미로처럼 얽힌 구시가지의 골목길이 낯선 이방인을 반긴다. 돌로 튼튼하게 지어진 대부분의 건물들은 진한 이슬람의 향기를 품고 있다. 오스만 제국이 가장 최근에 오랫동안 지배했기에 모스크와 터키식 공중목욕탕 등 이슬람 건축이 많다. 그 중에서도 도시 중심부에 위치한 아흐메드 파샤 알 제자르 모스크는 이스라엘에서 가장 아름다운 모스크로 꼽힌다. 규모는 그리 크지 않은 편이라지만 3천 명의 무슬림이 기도를 올리기에 충분한 크기라고 한다.

바람 한 줌 들어갈 틈 없이 튼튼하게 쌓아올린 성벽을 등지고 현지인들의 삶의 터전인 항구로 나오면 옥빛의 파도가 여행자의 기분을 한껏 부풀린다. 잔잔한 포구에 정박해 있는 작은 고깃배와 그물을 손질하고 있는 어부의 모습, 바다낚시를 즐기는 낚시꾼 등이 평화롭다. 그런데 이 아코 항구로 나오는 길엔 재미있는 비밀이 하나 숨어 있다. 바로 십자군 성 밑에 있는 비밀 통로로도 바다에 나올 수 있다는 것이다.

세계문화유산으로 지정된 아코는 동서양의 종교와 문화 그리고 역사가 혼재된 천년 고도이다.

위 | 바다와 튼튼한 성벽으로 둘러싸인 아코의 모습. 〈사진 이스라엘 관광청 제공〉
아래 | 영원히 푸른 지중해를 끼고 있는 아코.

　하수구가 자주 막힌다는 한 시민의 신고로 우연히 발견하게 된 이 은밀한 통로는, 십자군이 전쟁을 대비해 만들어 놓은 군수 물자의 운송 통로였다. 지하에서 바다까지 수백 미터에 이르는 터널은 어른 한 사람이 간신히 서 있을 만한 높이에, 두 사람 정도가 딱 지나갈 수 있는 너비를 가지고 있다. 이 통로는 군수 물자의 운송은 물론, 이슬람과 전쟁을 벌이는 동안 위기에 처한 십자군이 지중해로 빠져나가는 데 도움을 주었다. 그 통로가 지금은 관광 코스로 개발되어 여행자들은 이 통로를 통해 바다로 나갈 수 있다.

　과거 무수히 많은 침략 전쟁으로 고난을 겪어야 했던 도시가 이제는 이스라엘에서 가장 살기 좋은 항구 도시로 탈바꿈했다. 과거의 모든 상처가 말간 바람과 파도로 말끔하게 씻겨 나간 듯하다. 세계문화유산에 빛나는 도시, 아코. 그 다채롭고 풍부한 유적들 덕분에 아코는 앞으로도 이스라엘을 대표하는 휴양 도시로 여행자들의 끊임없는 사람을 받을 것이다. ◻

페르시아 제국의 숨겨진 은밀한 수도, 이란 '페르세폴리스'

'황금의 제국, 페르시아'. 오늘날 중동의 고립된 나라로 인식되고 있지만, 사실 이란은 페르시아의 후예다. 광활한 이란 고원에서 시작해 로마 제국과 이슬람 문화가 태동하기 이전부터 거대한 문명을 만들었으며 수천 년 동안 중동의 맹주로 자리하였던 페르시아. 그들이 남긴 섬세하고도 화려한 예술품들을 보면 과거 페르시아의 영광이 어느 정도였는지 충분히 짐작할 수 있다.

로마 제국이 인류사에 등장하기 전 아케메네스 왕조는 서쪽으로 마케도니아와 리비아, 동쪽으로 인더스 강, 북쪽으로 아랄 해, 남쪽으로 페르시아 만과 아라비아 사막에 이르는 강성한 제국을 건설하였다. 이후 기원전 330년 알렉산드로스 대왕에 무릎을 꿇기 전까지 페르시아 제국은 인류사에 한 획을 긋는 제국으로 군림하였다. 특히 다리우스 1세와 그의 아들 크레스크세스 1세는 페르시아의 가장 빛나는 전성기를 누렸던 왕들이다.

이란의 수도 시라즈는 페르시아 제국의 찬란했던 과거가 간직되어 있다. 페르시아 문명의 발상지인 파르스 지방의 수도이기도 했던 시라즈는, 아케메네스 왕조의 역사가 시작된 곳으로 다리우스 1세와 크세르크세스 1세 때 페르세폴리스로 수도를 이전하기 전까지 제국의 수도였다. 고대 파르스 지방에서 사용하던 파르시아어가 현재 이란의 공식 언어라니 얼마나 유서 깊은 도시인지를 짐작이 간다. 해발 2,000m의 이란 고원에 세워진 시라즈는 아리안족, 사미족, 터키족 등 다양한 민족이 살았으며 이들이 한데 어울려 페르시아 문화를 형성하였다. 세계에서 가장 아름답고 역사적인 도시 중 하나로 꼽히는 시라즈는 페르시아 문학을 대표하는 하페즈와 사디의 고향이기도 하다.

시라즈에서 북동쪽으로 50km 떨어진 곳에, 페르시아의 영광을 간직한 또 다른 수도 페르세폴리스가 있다. 유네스코로부터 세계문화유산으로 인정받은 이 도시는, 페르시아 제국이 멸망하기 전까지 그리스인들조차 모를 정도로 산 속 깊은 외딴 지역에 세워졌다. 바로 그 외딴 곳에 아케메네스 왕조의 숨겨진 은밀한 왕궁이 있었던 것이다.

삭막한 황무지에 거대한 돌 기단과 돌기둥이 서 있는 페르세폴리스는 그리스어로 '페르시아의 도시'를 의미한다. 제국의 여름 궁전으로 유명한 이곳은 기원전 6세기경 다리우스 1세가 건설한 수도로서 크세르크세스 1, 2세와 아르타크세르크세스 1, 2세에 이르기까지 150여 년에 걸쳐 완성되었다. 기록 보관소인 아파다나를 비롯하여 궁전, 보물 창고 등 페르시아 인들의 예술적 영혼을 담고 있어 아케메네스 왕조의 진정한 힘과 문화를 느낄 수 있다.

18m에 이르는 석축 위에 왕궁을 짓고 그 아래 평편하게 건설된 도시 페르세폴리스는, 이탈리아 폼페이보다 훨씬 규모가 크다. 우수했던 미적 감각을 보여 주는 것들도 제법 있는데, 특히 눈길을 끄는 것이 벽면에 새겨진 다양한 부조상이다. 황소와 말을 공격하는 사자 부조, 사신과 무신들을 주제로 한 부조, 정복지 각국에서 진상품을 받치러 온 사신들의 부조 등을 보고 있으면 과거 페르시아 제국이 얼마나 강성했는지를 간접적으로 느낄 수 있다. 또한 왕국의 입구에 서 있는 만국의 문과 높이 25m의 돌

페르시아 제국의 영원한 수도 페르세폴리스는 이슬람 문화가 태동하기 전
중동에서 가장 훌륭한 문화를 소유한 도시였다.

로마 제국에 버금가는 고대 유적을 가진 페르시아 제국의 도시.

페르세폴리스는 그리스어로 '페르시아의 도시'를 의미한다.

검은색의 부르카를 입고 멋진 포즈를 취하고 있는 이란 여대생들의 모습.

기둥들은 세계문화유산으로 전혀 손색이 없을 만큼 아름답고 위풍당당하다.

영원한 제국을 꿈꾸며 다리우스 부자는 왕궁을 당대 최고의 예술 작품으로 만들고 싶어 했다. 그래서 자신들이 지배하고 있는 여러 속국에서 다양한 건축 자재들을 공수해 왔다. 레바논에서 삼나무를, 인도 간다라 지방에서 티크 나무를, 박트리아에서 금을, 이집트에서 은과 동을, 에티오피아에서 상아 등을 가져다 손재주가 좋았던 바빌로니아와 그리스 장인들로 하여금 화려한 왕궁을 짓도록 하였다. 하지만 꽃이 너무 아름다우면 사람들 손에 꺾이고 마는 것처럼, 거대한 페르세폴리스는 마케도니아 왕국의 알렉산드로스 대왕에게 철저하게 파괴되었다. 알렉산드로스 대왕은 크세르크세스 1세의 궁정을 잿더미로 만들고, 하늘 높이 솟아오른 기둥들은 무참히 부숴 버리고, 보물 창고에서 수많은 금은보화를 약탈하였다. 페르시아가 아테네의 아크로폴리스를 파괴한 데에 대한 복수였던 셈이다.

페르세폴리스를 배경으로 소설 같은 고대의 역사 이야기가 펼쳐진다. 거대한 제국을 건설하였던 아케메네스 왕조는 안개처럼 순식간에 사라졌지만, 그들이 남긴 자취는 시공간을 초월해 여행자에게 그 과거의 이야기를 고스란히 전해 주고 있다. ¤

일생에
한번은

꼭
만나야
할

곳

젊음의 외침과 그윽한 아이리시 커피 향이 있는 곳, 미국 '샌프란시스코'

안개의 도시답게 샌프란스코는 바다 안개와 어우러진 멋진 도시 풍광을 보여 준다.

휘영청 밝은 보름달 아래서 사랑을 나누고 있는 연인들.

금문교 남단에서 바라본 샌프란시스코 시가지.

　"샌프란시스코에 가신다면 머리에 꽃을 꽂는 걸 잊지 마세요." 1967년 스캇 매 켄지의 〈샌프란시스코〉를 듣고 전국 각지에서 10만이 넘는 젊은이들이 샌프란시스코 로 몰려들었다. 한여름 샌프란시스코에서 열리는 사랑의 축제이자 히피들의 집회인 '러 브 인'에 함께 하기 위해, 그리고 또래들을 명분도 없이 죽음에 이르게 하는 베트남 전 쟁을 그만두라는 평화의 메시지를 전하기 위해. 그리하여 그해 여름은 '사랑의 여름'이 라 불린다.

　낡아 버린 기성 질서에 반기를 든 젊은이들이 있는 곳, 그 젊은이들의 세계 평화 를 향한 외침이 있는 곳, 샌프란시스코. 그 젊음의 땅에 여행자들이 모이고 있다. 스캇 메켄지의 〈샌프란시스코〉때문만은 아니다. 야트막한 언덕이 푸른 바다를 향해 굽이치 고 좁은 골목길을 투박한 전차가 누비는 곳, 일 년 내내 상쾌한 바람이 불고 오렌지빛 햇살이 쏟아지는 곳, 감미로운 아이리시 커피 향이 그윽한 곳, 그곳이 바로 샌프란시 스코이기 때문이다.

　미국에서 14번째로 큰 도시이자 우리에게는 금문교로 익숙한 샌프란시스코는, 1769년 스페인의 탐험가 가스파 데 포르톨라의 탐험대에 의해 최초로 발견되었다. 이 땅에 최초로 정착한 백인은 영국인 윌리엄 앤터니 리처드슨 대위로, 그는 이곳에서 땅 을 개척하고 천막집을 짓고 살았다 한다. 이후 멕시코인들이 들어와 고래잡이, 소가죽 운반 등을 하며 산업 항구 도시로 발전시켰다. 하지만 1846년 미국이 멕시코와의 전쟁 에서 승리하면서 이곳에 성조기를 꽂았다. 샌프란시스코가 근대 도시로 급격하게 발 전을 이뤄 낸 것은, 1848년 캘리포니아에서 금광이 발견되면서 미국 동부로부터 수많 은 사람들이 금을 찾아 몰려들면서부터다.

　샌프란시스코에서 가장 붐비는 피셔맨즈 워프는, 유럽을 많이 닮아 있다. 다른 미국 도시들과는 달리 영국 빅토리아풍의 건물들이 들어서 있고, 그 사이를 유럽에서 나 등장할 법한 전차가 가로지르며 달리고 있기 때문이다. 이 피셔맨즈 워프에서 꼭 해야 두 가지가 있는데, 하나는 던저네스 크랩을 먹는 것이요, 다른 하나는 '부에나비

스타'에서 아이리시 커피를 마시는 것이다. 던저네스 크랩은 이곳에서 잡히는 작은 식용 게인데, 우리의 영덕 게와는 달리 다리가 짧고 통통하다. 그런데 그 맛이 아주 별미라 샌프란시스코를 들른 사람들이라면 반드시 먹어 봐야 하는 필수 요리가 되었다.

스페인어로 '아름다운 경치'를 뜻하는 '부에나비스타'는 세계에서 가장 맛있다고 소문난 아이리시 커피 전문점이다. 이곳은 아일랜드로부터 건너온 이민자 잭 코에플러가 1952년 미국 최초로 아이리시 커피를 판매하기 시작한 곳이다. 아이리시 커피는 아일랜드 더블린의 샤논 공항 칵테일 라운지에서 추위에 떠는 손님들을 위해 커피에 위스키를 넣어 제공하면서 유래했다고 한다. 그런데 그 아이리시 커피가 이곳 부에나비스타에서 50년 동안 1,000만 잔 이상이 팔렸다고 하니, 커피 맛이야 더 이상 설명할 필요가 있으랴.

먹고 마시었으니, 이제는 본격적으로 샌프란시스코를 돌아볼 차례다. 우선 도시의 전경이 보고 싶다면 해발 270m의 트윈 픽스에 오르면 된다. 그곳에 오르면 샌프란시스코 시내가 한눈에 들어오기 때문이다. 샌프란시스코의 상징 금문교에서는 도시와 바다 그리고 다리가 어우러진 멋진 모습을 감상할 수 있다. 도시의 또 다른 랜드마크 39번 부두도 들러봐야 한다. 바다사자가 터줏대감 역할을 하고 있는 이곳에서는 베이 크루즈를 할 수도 있고, 2층짜리 쇼핑몰에서 식사도 할 수 있다. 그런가 하면 39번 부두에서는 샌프란시스코의 또 다른 명소 알카트라즈 섬을 바로 코앞에서 볼 수 있다. 스페인어로 '펠리컨'이라는 뜻의 알카트라즈는 과거 형무소로 사용되었으며, 미국 마피아로 유명세를 떨쳤던 알 카포네가 이곳에서 형을 살았다.

문화적인 감성을 느끼고 싶다면 샌프란시스코 근대 미술관으로 가보자. 1935년에 개관한 근대 미술관에는 안셀 아담스, 프리다 칼로, 앤디 워홀, 파블로 피카소, 앙리 마티스, 잭슨 폴록, 홀 클레 등 유명 미술가들의 작품이 소장되어 있다. 세계적 작가들의 예술 작품들은, 여행자의 감성을 채우면서 샌프란시스코의 여정에 이상적인 마침표를 찍어 준다. ¤

세계에서 가장 맛있는 아이리시 커피 전문점, 부에나비스타.

1929년 대공황 시절에 건설된 금문교는 샌프란시스코를 대표하는 상징물이다.

태평양 한가운데서 빛나는 알로하의 아름다운 섬, 미국 '하와이'

하와이 제도는 지구상에서 가장 아름다운 곳 중 하나다.

태평양 한가운데 자리한 하와이는 지구상에서 가장 아름다운 휴양 섬 중의 하나다. 일 년 내내 온화한 날씨를 보여 주는 하와이는 가족여행지, 신혼여행지로 우리에게 수년 동안 사랑받아 온 곳이다.

원주민어로 '작은 고향', '신이 있는 장소'라는 뜻의 하와이는 1959년 미국의 50번째 주가 되었으며, 니하우·카우아이·오아후·몰로카이·라나이·마우이·카호올라웨·하와이 등 8개 큰 섬과 100개가 넘는 작은 섬들로 이루어져 있다. 이곳의 모든 섬과 산은 수백만 년 전 화산 활동으로 대양저가 융기하면서 생성되었다. 그리고 수십만 년 동안 계속된 파도가 산호초를 만들었고, 또 그것을 치고 부수어 수십 킬로미터에 이르는 보드라운 백사장을 만들어 냈다. 태평양 한가운데라는 지리적 조건 덕에 다양한 식물과 동물들의 서식지이기도 하다.

하와이는 낯선 이방인에게까지 친근함을 느끼게 하는 신기한 힘을 가진 섬이다. 그것은 아마도 하와이 사람들의 따뜻한 마음 때문이 아닐까. 알로하. '사랑, 친절'을 의미하는 이 말은 하와이에서 인사말로 사용되고 있다. 그러니까 하와이에서는 서로에게 인사를 할 때마다 사랑을 전하고 있는 것이고, 여행자들은 그 속에서 친근함을 느낄 수가 있는 것이다.

하와이의 원주민들은 폴리네시아계로 5세기경부터 이곳에서 살기 시작했다. 그후 오랜 기간 크고 작은 부족 간의 전쟁이 있었고, 1782년 카메하메하 1세가 섬 전체를 통일하여 최초의 왕국을 건설하면서 100년간 왕조를 이어갔다. 하지만 '남태평양의 보석' 하와이 제도를 세계열강들이 가만둘 리 없었다. 영국, 프랑스, 미국 등이 자국의 이익을 앞세워 한바탕 전쟁을 치른 뒤 1887년 미국의 해군 기지가 들어서면서 하와이는 미국 식민지가 되었다. 그리고 19세기 후반 사탕수수와 파인애플 농장이 번창하면서 아시아인들이 대거 이주하였는데, 이때 한국인 101명이 사탕수수 노동자로 이주하면서 하와이는 우리나라와 인연을 맺게 되었다.

수많은 하와이 제도의 섬 중에서 우리가 흔히 말하는 하와이는 오하우 섬을 가리킨다. 하와이 주 전체 인구 120만 명 중 80%가 거주하고 있는 오하우 섬은 말 그대로 지상 낙원이다. 원시적 자연의 아름다움에, 인간의 손길이 정성스럽게 덧칠된 세계 최고의 휴양지, 오하우 섬.

오하우 섬에서는 주도인 호놀룰루를 빼놓을 수가 없다. 이름만으로도 유명한 와이키키 해변과 진주만이 이곳에 있기 때문이다. 호놀룰루라는 이름은 '보호된 만'이라는 의미를 가지고 있는데, 실제로 호놀룰루 앞바다에는 수많은 암초가 있어 외적의 침입을 막을 수 있는 지리적 이점을 갖고 있다. 따라서 도시는 자연스럽게 호놀룰루 항구를 중심으로 발전하기 시작했다. 이 천혜의 항구에 외국인으로서 처음 발을 내디딘 사람은 영국 선원 윌리엄 브라운이다. 1792년에 이곳을 발견한 그는 호놀룰루를 '좋은 안식처'란 의미로 '페어 헤이븐'이라 불렀다. 불행하게도 그는 오아후 섬의 칼라니쿠풀 왕이 이끄는 전사들의 공격을 받고 죽음을 맞이했다. '좋은 안식처'에서 영원한 안식을 취하게 되었으니, 그것 참 아이러니하지 않을 수 없다.

하와이 제도에서 가장 번화한 호놀룰루는 다운타운, 진주만, 와이키키 이렇게 세 부분으로 나뉜다. 다운타운은 다른 도시들의 다운타운이 그러하듯, 호놀룰루의 중심이면서 역사적 유물은 물론 여행자들을 위한 다양한 레스토랑, 카페, 쇼핑센터 등이 모여 있다. 밤이면 더위를 식히기 위해 거리로 쏟아져 나온 관광객들로 늘 북적거린다.

와이키키 해변은 하와이의 상징이다. 엽서에나 나올 법한 멋진 풍경에, 해변을 즐기는 다양한 사람들이 가득하다. 미국에서 인구 밀도가 가장 높다는 이곳에는, 그 명성답게 고급 호텔과 레스토랑이 즐비하다.

오늘날 매우 중요한 항구 역할을 하고 있는 진주만은 1911년에 처음으로 개발되기 시작하였다. 진주만의 건설은 오하우 섬이 군사전략적으로 매우 중요한 위치를 차지하는 데에 큰 힘을 보태는 한편, 호놀룰루가 관광 도시로 거듭날 수 있는 발판을 마련하였다. 와이키키 관광 산업도 늪지대였던 이곳에 물을 대기 위해 알라 와이 운하

위 | 하늘에서 내려다 본 다이아몬드 헤드와 와이키키 시가지.
아래 | 하와이를 대표하는 해변, 와이키키.

위 | 높은 파도를 자랑하는 노스 쇼어는 서퍼들이 많이 찾는 해변이다.
아래 | 젊음과 낭만이 넘쳐나는 와이키키. 이곳의 모래는 호주 골드코스트에서 가져온 것이라고 한다.

하와이 원주민은 폴리네시아계로 5세기경부터 이곳에 살기 시작했다고 한다.

가 건설되던 19세기 후반에 가서야 시작되었기 때문이다. 그러다가 진주만과 호놀룰루 중심부 사이에 위치한 산호섬에 공항이 들어서면서 호놀룰루는 근대적인 관광지로 변모하기 시작했다.

태평양의 보석이자 알로하의 아름다운 섬, 와이키키 해변만으로도 전 세계 허니무너들의 가슴을 설레게 하는 천혜의 섬, 그리고 진주만으로 슬픈 역사를 간직하고 있는 섬, 하와이. 그래서 하와이는 늘 여행자들에게 평생에 한번은 꼭 가보고픈 곳이다. ☼

세계자연유산으로 선정된 그랜드캐니언은 콜로라도 강의 침식 작용에 의해 생성되었다.

자연의 웅장함과 세월의 켜를 간직한 신비의 협곡, 미국 '그랜드캐니언'
AMERICA USA UNITED STATES

영화 〈슈퍼맨〉에 등장한 후버 댐은 샌프란시스코의 금문교와 함께 대공황 시절에 건설되었다.

거대한 용이 꿈틀대는 형상을 가진 그랜드캐니언

　　40°C도가 웃도는 라스베이거스에서 자동차로 5시간 달려가면 미국에서 가장 원시적인 아름다움을 간직한 그랜드캐니언에 도착한다. 미국 여행지 중 두 번째로 여행객이 많이 찾는 그랜드캐니언은 미국인들의 자존심과 자부심이 공존하는 땅이다. 미국의 루스벨트 대통령은 애리조나 서북부의 광대한 협곡을 국립 기념지로 지정한 뒤 이곳을 "자연의 위대한 불가사의를 우리 후손 모두를 위한 명소로 보전하자."고 외쳤다. 이렇게 대통령이 나설 만큼 그랜드캐니언은 미국인의 사랑을 한 몸에 받고 있는 신비의 협곡이다.

　　'지질학의 보고', '자연사 박물관'이라 불리는 그랜드캐니언은 지금으로부터 약 수억만 년 전 지구의 지각 변동에 의해 이 일대가 융기하면서 형성됐다. 약 4,000만 년 전 콜로라도 강에 의해 침식이 진행되어 약 200만 년 전쯤 현재와 같은 모습이 되었다. 현재에도 침식 작용은 계속 진행되고 있어 협곡의 모습은 매일 달라진다. 규모도 대단해서 협곡의 길이는 446km로 남한의 남북 길이보다 길며, 깊이도 평균 1,500m에 이른다. 하늘에서 보면 마치 거대한 용이 꿈틀대는 형상을 지닌 그랜드캐니언은, 복잡하게 깎인 협곡과 평지 위에 우뚝 솟아오른 산 그리고 깎아지른 절벽 등이 어우러져 세계 어디에서도 볼 수 없는 자연의 신비를 그대로 보여 준다.

　　환상적인 모양과 빛깔을 발산하는 이 협곡은 1540년 이 지역을 조사한 유럽의 코로나도 탐험대에 의해 처음으로 발견됐다. 그 후 1776년 성직자인 프란시스코 가르세스를 비롯한 스페인 탐험대가 그랜드캐니언을 다시 찾았고, 미국은 1856년에 그랜드캐니언 공식 탐사단을 보내게 되었다. 그리고 1869년에 남북전쟁 영웅 존 웨슬리 파웰이 탐사단을 조직하여 70일간 콜로라도 강을 따라 탐험한 뒤 세상 밖으로 알려지게 되었다.

　　붉은색을 띠는 협곡의 이미지는 눈으로 보고도 믿기지 않을 만큼 색채가 신비롭다. 특히 파월 호수에서 미드 호수까지 강을 따라 뻗어 있는 90km 가량의 협곡은 그랜드캐니언에서 가장 아름다운 빛깔을 뿜어내는 곳이다. 이곳은 오랜 시간에 걸쳐 서로 다른 연대의 퇴적층이 형성되고, 그것을 콜로라도 강물이 깎아 나가면서 만들어진 협곡이다. 세월의 흔적이 켜켜이 쌓여 황갈색, 회색, 초록색, 분홍색 등 지층의 다양한 색깔들이 서로 조화와 대립을 이뤄 가며 자연의 미학을 한껏 자랑한다.

네바다 주의 화려한 도시 라스베이거스에서 그랜드캐니언의 관문인 애리조나 주 플래그스태프까지 가는 길은 척박한 사막의 모습을 보여 준다. 눈으로는 완만하게 보이는 이 길은 사실 해발 2,000m가 넘는다. 다행히 고산 증세는 3,000m부터 나타나기 때문에 그랜드캐니언은 더위만 이겨 내면 별다른 문제없이 여행이 가능하다. 그랜드캐니언의 여행 코스는 크게 두 가지로 나뉜다. 하나는 협곡의 절벽 위에 마련된 전망대에서 거대한 자연의 힘을 바라보는 코스가 있고, 다른 하나는 협곡으로 직접 내려가 발로 걸으며 여행하는 트레킹 코스가 있다. 대부분의 여행자들은 자동차를 타고 절벽 가까이에 마련된 다양한 전망대에서 그랜드캐니언을 감상한다. 하지만 시간적 여유가 있는 사람들은 인디언의 삶의 흔적이 남아 있는 협곡 밑으로 내려가 뙤약볕을 등지고 천천히 이동하면서 그랜드캐니언의 진면목을 몸으로 체험한다. 그 이외도 경비행기를 타고 1시간가량 협곡 위를 날면서 여행하는 비행기 투어와 콜로라도 강의 힘찬 물줄기를 따라가는 래프팅도 있다.

1919년 국립공원으로 지정된 그랜드캐니언의 여행의 중심은 사우스 림이다. 사우스 림은 그랜드캐니언 빌리지를 중심으로 서쪽은 허미츠 레스트, 동쪽은 데저트 뷰로 나뉜다. 웨스트 림이라고도 불리는 허미츠 레스트는 그랜드캐니언 빌리지부터 12km 떨어져 있는데, 이곳을 향하는 길에 그랜저 포인트와 야바파이 지질 박물관 등 아름다운 뷰 포인트가 있다. 또한 이스트 림이라고도 불리는 오른쪽의 데저트 뷰는 빌리지에서부터 40km 떨어져 있는데, 이곳에도 마더 포인트, 야키 포인트, 야바파이 포인트, 리판 포인트 등 훌륭한 뷰 포인트가 많아 언제나 여행자들로 북적인다.

한 해 찾는 관광객만 450만 명. 명실 공히 그랜드캐니언은 죽기 전에 꼭 가봐야 할 여행지가 되었다. 하늘 높이 치솟아오른 히말라야만큼이나 깊고 아찔하게 땅으로

사우림 포인트에서 바라본 그랜드캐니언의 웅장한 모습.

움푹 파인 협곡의 모습은 그 어떤 형용사를 동원한다 해도 다 표현할 수 없는 자연의
위대함이 담겨져 있다. ¤

지구상 가장 핫(!)한 도시, 미국 '뉴욕'

자유의 여신상, 엠파이어스테이트 빌딩, 센트럴파크, 메트로폴리탄 미술관, 그리고 그 사이를 커피와 베이글을 든 채 늘 바쁘게 뛰어다니는 사람들. 그렇다. 바로 뉴욕이다. 뉴욕만큼 '핫(!)'한 도시가 또 있을까. 이곳에서 나고 자란 토박이들부터 아메리칸 드림을 가슴에 품고 몰려든 이민자들까지, 뉴욕엔 늘 사람이 많다. 그리고 그들의 열정으로 뉴욕은 늘 뜨겁다. 그런가 하면 뉴욕은 거대하고 세련되고 화려한 도시의 표본이다. 뉴욕을 배경으로 네 명의 커리어우먼들의 삶을 담아 냈던 미국 드라마 〈섹스 앤 더 시티〉. 그곳에서 주인공들은 뉴욕의 다양한 직업군과 세련된 패션과 화려한 엔터테인먼트를 보여주었다. 실제 뉴욕의 삶이 그렇게 화려할 수 있겠냐마는, 그럼에도 불구하고 그 드라마를 보고 있노라면 한번쯤 뉴욕에 가보고픈 아니 살아보고픈 충동이 인다.

사실 뉴욕이 오늘날 최대 규모의 도시가 되었지만, 역사는 다른 대도시들에 비해 짧은 편이다. 맨해튼이 발견된 것은 1524년 이탈리아 항해사 지오반니 다 베라자노에 의해서다. 유럽에서 건너온 초기 이주민들이 이곳에 운하를 개통하고 활발하게 무역

거래를 하면서 19세기 중에야 도시다운 면모를 갖추었다. 그곳에 유럽을 비롯한 각 대륙에서 수백만의 이민자들이 이주해 오면서 뉴욕은 오늘날의 거대한 도시가 되었다.

인구 1,500만의 뉴욕은 맨해튼, 브롱크스, 브루클린, 퀸스 그리고 스태튼 섬, 이렇게 5개 구역으로 이루어져있다. 그 중 허드슨 강을 끼고 길쭉하게 뻗어 있는 맨해튼은 뉴욕의 중심이다. 〈섹스 앤 더 시티〉의 주인공들이 이곳만큼은 벗어나길 두려워했을 만큼 뉴요커들이 원하는 모든 곳을 갖춘 곳이기도 하다. 여행자에게도 맨해튼은 여정의 핵심이 된다. 엠파이어스테이트 빌딩, 록펠러 빌딩 등 그 자체로 명소인 대규모 빌딩들과 뉴욕의 허파라는 센트럴파크, 자유의 여신상 등이 모두 이 맨해튼에 있거나 맨해튼에서 출발하는 관광지이다.

뉴욕은 그 면적도 넓고 볼거리도 수백 개에 이르기 때문에 사실 일주일로도 모자라다. 그 테마도 다양해서, 그냥 주요 명소를 돌아볼 수도 있고, 세계의 먹거리들을 찾아다닐 수도 있고, 세계 예술가들이 모인만큼 예술을 테마로 돌아볼 수도 있다. 코스도 방법도 다양한 뉴욕 여행에서 사람들이 절대 빠트리지 않고 가는 곳이 있으니, 바로 엠파이어스테이트 빌딩과 록펠러 빌딩이다. 200~300m의 높이를 자랑하는 이 초고층 건물들에서는 빽빽한 빌딩 숲의 뉴욕 시내가 한눈에 내려다보이기 때문이다.

그렇게 뉴욕 시내를 조망하고 내려와 본격적으로 뉴욕을 여행할 때는 테마를 정하고 움직이는 편이 수월하다. 예를 들어 쇼핑을 좋아하는 여행자라면, 맨해튼 5번가의 부티크와 백화점으로 향하면 된다. 거기에 가면 저렴한 보세에서부터 세계 최고의 브랜드까지 다양한 브랜드를 한번에 쇼핑할 수 있다. 비단 쇼핑의 목적이 아니더라도 소호나 그리니치 상점 쪽은 둘러볼 가치가 있다. 예술가들이 직접 만들어 내놓는, 그래서 예술적 독창성들이 살아 숨 쉬는 옷과 액세서리들이 즐비하기 때문이다. 보는 것만으로도 눈이 즐겁다.

뮤지컬과 재즈를 좋아하는 사람이라면 브로드웨이로 가야 한다. 엠파이어스테이트 빌딩에서 나와 34번지에서부터 북쪽으로 총 10개의 블록으로 이어진 브로드웨

녹색의 센트럴 파크와 고층 빌딩이 세계적인 도시 뉴욕을 더욱 아름답게 만든다.

밤이 되면 화려한 네온사인이 춤을 추는 타임 스퀘어는 뉴욕에서 가장 번잡한 장소이다.

비극적인 삶을 살다간 여배우 마를린 먼로는 미국인들이 가장 좋아하는 배우 중 한 명이다.

이는 전 세계 뮤지컬의 심장부이다. 이곳에서는 〈그리스〉, 〈맘마미아〉, 〈오페라의 유령〉 등 뮤지컬의 고전에서부터 〈헤어 스프레이〉, 〈금발이 너무해〉 등 영화를 뮤지컬화한 신작까지 다양한 작품들을 감상할 수 있다. 실로 놀라운 규모의 공연장에서 엄청난 스케일의 뮤지컬을 보는 것, 이것이야말로 뉴욕이 아니면 어디서도 하기 힘든 경험이 아닐까.

뉴욕은 미술을 테마로 여행하기에 참 좋은 곳이다. 전 세계 미술가들이 모여 활동을 하고 전시를 하는 무대가 바로 뉴욕이기 때문이다. 아직 유명해지지 않은 신인들의 전시까지를 포함한다면 그 전시들을 다 돌아보는 데 평생이 걸릴 정도다. 그 미술의 메카 뉴욕에서 꼭 가봐야 하는 미술관이 있으니 메트로폴리탄 미술관과 구겐하임 미술관이다. 메트로폴리탄 미술관은 1870년 지어진 세계 최대 미술관 중 하나로, 고대 이집트의 유물에서부터 유럽 회화와 조각, 미국의 예술 작품까지 모든 시대, 모든 대륙의 예술품을 총망라하며 현재 약 200만여 점 이상을 소장하고 있다고 한다. 특히 이집트 유물의 경우 이집트 카이로를 제외하고는 세계 최대의 소장 규모를 자랑한다.

메트로폴리탄 미술관이 과거의 회화 작품 및 역사적 유물을 전시하는데 중점을 두고 있다면, 구겐하임 미술관은 현대 미술 쪽에 무게 중심이 쏠려 있다. 달팽이 모양의 외관과 계단 없는 나선형 모양의 전시장으로 유명한 이 미술관은, 미국 철강계의 거물 솔로몬 구겐하임이 수집해 온 현대 미술품들을 바탕으로 설립되었다. 피카소의 초기 작품과 샤갈 등의 작품도 유명하지만, 특히 칸딘스키의 작품은 180여 점이나 되어 최대의 컬렉션을 자랑한다.

에너지가 넘치는 도시, 그래서 지구상 가장 뜨거운 도시. '다이내믹'의 대명사 뉴욕은 여행자들마저도 바쁘게 만드는 마력을 가진 도시다. 볼 것도 할 것도 먹을 것도 너무 많은 도시 뉴욕. 그러니 마음이 늘 바빠질 수밖에. 하지만 한숨은 그만 쉬고, 뉴욕에서는 커피와 베이글을 들고 정신없이 달려가는 뉴요커가 되어 보는 게 어떨까. ♡

프랑스에서 선물한 자유의 여신상은 뉴욕을 상징하는 대표적인 건축물이다.

아메리칸 드림을 찾아 떠나는 여행, 미국 '로스앤젤레스'

약 5km에 이르는 스타의 거리에는 영화배우, TV 탤런트, 뮤지션 등 약 2,000여 명의 스타 이름이 새겨져 있다.

스타의 거리에서 가장 사람이 붐비는 곳은 그라우맨스차이니즈 극장 앞이다.
극장 앞 바닥에는 스타들의 손도장과 발자국이 새겨져 있다.

스타의 거리에서 만난 故 마이클 잭슨의 이름.

‘천사의 도시’ 로스앤젤레스는 한마디로 ‘꿈의 도시’이다. 오스카상과 아카데미상을 꿈꾸며 세계 각지에서 영화 지망생들이 몰려들고, 많은 이들이 꿈꾸는 미국 상류 사회의 상징 비버리힐즈에 고급 저택이 즐비한 곳, 로스앤젤레스. 오스트리아 출신의 시골내기가 영화배우와 주지사의 꿈을 이룬 곳도, 코리안 특급 박찬호 선수가 아메리칸 드림을 이룬 곳도 바로 로스앤젤레스인 것이다.

미국 캘리포니아 주 남부의 태평양에 면한 로스앤젤레스는, 산타모니카, 롱비치, 컬버시티 등의 위성 도시를 포함하여 미국 제2의 거대 도시권을 형성하고 있다. 이곳에 인디언이 아닌 외지인이 들어오게 된 것은 18세기 후반인데 이때 에스파냐인 거리가 형성되었다. 이후 도시는 방사형으로 뻗어 나가며 서서히 발전하기 시작하였다. 로스앤젤레스가 급속도로 발전하기 시작한 것은 유전이 발견되면서부터다. 대규모 유전 개발이 행해지면서 도시에 사람들이 몰려들었고 도시는 부를 축적해 나갔다. 현재 로스앤젤레스는 인구 700만의 거대 도시이자 할리우드로 대변되는 영화 산업의 중심지로 우뚝 서 있다.

도시의 명소는 주로 서쪽과 동서쪽 부근의 다운타운을 중심으로 흩어져 있다. 로스앤젤레스에 와서 사람들이 가장 먼저 찾는 곳은 바로 그라우맨스차이니즈 극장이다. 이곳에는 세계적인 스타들의 손도장과 발자국이 새겨져 있다. 그래서 할리우드 스타들의 자취를 느껴보고자 몰려든 여행자들로 늘 인산인해를 이룬다. 이 극장 입구 바로 왼쪽에는 얼마 전 세상을 떠난 ‘팝의 황제’ 마이클 잭슨의 이름이 새겨져 있다. 그는 떠났지만 그를 잊지 못하는 수많은 팬들이 그 앞에 사진과 꽃과 촛불을 놓아 그의 죽음을 애도하고 있다.

이 그라우맨스차이니즈 극장을 시작으로 해서 ‘할리우드 명예의 거리’가 시작된다. 영화와 음악 등 미국 엔터테인먼트 산업의 중심지답게 이곳의 바닥에는, 1,800여 명에 이르는 세계적인 스타들 이름이 별 모양의 동판에 새겨져 있다.

그 다음으로 인기 있는 명소는 유니버셜 스튜디오다. 이곳은 1915년 아메리칸 드림을 간직하고 독일에서 건너온 칼 라에믈이 최초의 무성 영화를 촬영하던 장소다. 양계장 위에 지어 놓은 두 개의 세트가 오늘날 거대한 유니버셜 스튜디오의 시초라니 믿어지지가 않는다.

이 외에도 로스앤젤레스에는 흥미로운 장소가 넘쳐난다. 1955년 만화영화 제작자 월트 디즈니가 만들어 놓은 대규모 놀이공원 디즈니랜드, 스페인으로부터 건너온 최초 이민자들의 거리 올베라, 영화 〈프리티 우먼〉에서 리차드 기어와 줄리아 로버츠가 사랑을 나누었던 로데오 거리, 미국 최신 유행을 선도하는 패션의 거리 멜로즈, 그리고 한민족의 끈끈한 삶이 이어지는 한인 타운까지, 로스앤젤레스에는 봐야 할 곳, 들러야 할 곳, 즐겨야 할 곳이 무궁무진하다.

로스앤젤레스는 카멜레온 같다. 여행자의 취향에 따라 어느 곳이든 갈 곳을 내어 놓는 것이 마치 카멜레온의 보호색만큼이나 다채롭다. 그래서 로스앤젤레스를 여행하고 나면 수편의 영화를 보고 나온 듯한 기분이 든다. 그 영화 속엔 드라마도 있고 판타지도 있으며 애니메이션도 있다. '천사의 땅' 로스앤젤레스는 여행자에게 진정 천국 같은 곳이다. ○

HOLLY
THE WORLD NEEDS BIGGER HEROES
G-FORCE
JULY 24

로스앤젤레스의 상징은 바로 높은 산 위에 걸린 '할리우드' 간판이 아닐까?

원시의 자연과 옥빛 호수가 있는 로키 안을 걷다, 캐나다 '밴프'

캐나다 로키에는 자연의 태곳적 신비가 가득하다. 머리 위로 하얀 뭉게구름이 낮게 흐르고, 짙은 초록빛의 침엽수가 빼곡하다. 산 정상에서 불어오는 바람에 옥빛의 호수가 잔잔하게 물결을 일으키고, 회색곰과 사슴이 숲과 완벽한 조화를 이루며 살아가고 있다. 마치 동화책 속에서 튀어나온 풍경인 듯하다.

캐나다 로키는 브리티시컬럼비아 주와 앨버타 주 경계 지역에 위치한 산군들로 가장 북쪽의 재스퍼, 아이스필드 파크웨이, 요호 국립공원, 밴프, 쿠트니 국립공원 등을 포함한 일대를 일컫는다. 그 중에서도 세계 10대 절경으로 꼽히는 레이크 루이스를 포함하여, 투 잭, 보 호수 등 수십 여 개의 아름다운 호수와 산을 가진 밴프는 로키의 주인공이라 할 수 있다.

앨버타 주 캘거리에서 130km 떨어진 밴프는 캐나다 로키 여행의 관문이다. 4,000km에 이르는 로키 산맥 중에서 반은 캐나다가 나머지 반은 미국이 차지하는데 밴프가 바로 캐나다 로키의 출발점인 것이다. 한 해 수백만 명이 다녀가는 이곳은, 지난 2008년 세계적인 여행 정보 사이트 트립 어드바이저가 세계 도처에 있는 여행 전문

가와 회원들을 대상으로 한 설문 조사에서 '캐나다 최고의 여행지' 부문 1위로 선정되기도 했다.

공항에서 차로 1시간만 달려가면 듬성듬성 하얀 눈으로 덮힌 로키 산맥을 만날 수 있다. 여름의 한가운데 7월에도 말이다. 한여름의 눈만 새로운 게 아니다. 석회암으로 이루어진 산 정상은 풀 한 포기 없는 민얼굴을 드러내고 7부 능선 아래로는 짙푸른 전나무와 소나무가 빼꼭하게 들어 있는 것이 우리네 산 풍경하고는 달라도 참 많이 다르다.

캐나다 로키 트레킹의 중심지인 밴프 타운은 사방이 산으로 둘러싸여 있다. 북쪽으로는 캐스케이드 산이, 남쪽으로는 유황이 많이 나오는 설퍼 산, 터널 산, 런들 산, 캐슬 산 등이 있다. 그 산 아래로 마를린 먼로의 〈돌아오지 않는 강〉의 촬영 무대였던 보 강이 밴프를 동서로 가로지르며 흐르고 있다. 밴프는 그리 크지 않다. 볼거리도 많지 않아 도보로 1시간이면 충분히 둘러볼 수 있다. 그럼에도 이곳에 사람들이 몰려드는 이유는? 그렇다. 로키 트레킹 때문이다.

유네스코가 세계자연유산으로 지정한 밴프에는 다양한 트레킹 코스가 있다. 거의 산책길과 같아서 남녀노소 상관없이 아주 쉽게 즐길 수 있는 코스, 단 몇 시간만 걸으면 되는 당일치기 코스, 열흘가량이 소요되는 150km 트레킹 코스, 그리고 산악 전문가들이 즐겨 하는 암벽등반 코스 등이 대표적인 예이다.

그중에서도 가장 큰 인기를 누리는 코스는 애일머 산과 미네완카 호수를 감상하는 코스다. 미네완카 호수는 그 아름다움과 더불어 길이 23km라는 엄청난 규모를 자랑하며 트레커들의 발길을 잡아끄는 일등공신이다. 이 코스의 트레킹은 미네완카 호수 선착장 주변에서 시작된다. 트레킹은 대략 9시간 소요되는데, 호수를 오른쪽에 두고 8km 정도 걸어간 다음 '애일머 전망대'라고 표시된 길을 따라 4km 정도 올라가면 된다.

보통 현지인들은 산악자전거를 이용해 8km를 달린 후 3시간 정도 트레킹을 즐

옥빛의 미네완카 호수는 죽은 자들의 영혼이 모이는 곳이라고 알려져 있다.

기는 코스를 선택한다. 10시간 정도가 소요되는 이 코스는 다소 힘들기는 하지만, 호수를 따라 평지에 가까운 길을 왕복으로 16km를 걷고, 실제 산행은 8km 정도밖에 되지 않아 주말 등산객들에게 인기가 많다. 그런가 하면 이 코스에서는 늘 이야기꽃이 피어난다. 현지인들과 타지의 여행자들 사이에, 혹은 각기 다른 국적을 가진 트레커들 사이에 서로 궁금증을 묻고 답하는 진풍경이 벌어지는 것이다. 모두들 처음 만나는 낯선 사람들이지만 산을 좋아하고 함께 트레킹을 하고 있다는 공통분모만으로도 충분히 공감대가 형성된 때문이리라. 그 모습을 보고 있노라면 이 트레킹의 진수는 바로 이 이야기꽃이 아닐까 하는 생각마저 든다.

코스의 끝 애일머 전망대에 오르면 옥빛으로 물든 미네완카 호수와 미네완카 호수의 영원한 친구 잉리스몰디 산과 기루아드 산이 눈앞에 펼쳐진다. 그리고 경치에 감탄하고 있는 여행자의 땀을, 로키의 맑은 바람 한 줌이 식혀 준다. 풍경도 최고요 바람도 최고다. 중국의 도현명이 올랐다면 자신이 꿈꿨던 무릉도원이 여기라고 하지 않았을까. ✡

캐나다의 대자연을 만끽할 수 있는 로키 산맥 트레킹.

인간의 손길이 닿지 않은 로키의 대자연은 너무나 광활하고 아름답다.

낚시와 독서를 즐기며 평온한 하루를 보내고 있는 여행자들의 모습.

원시의 자연과 웅대한 빙하가 담긴 길, 캐나다 '아이스필드 파크웨이'

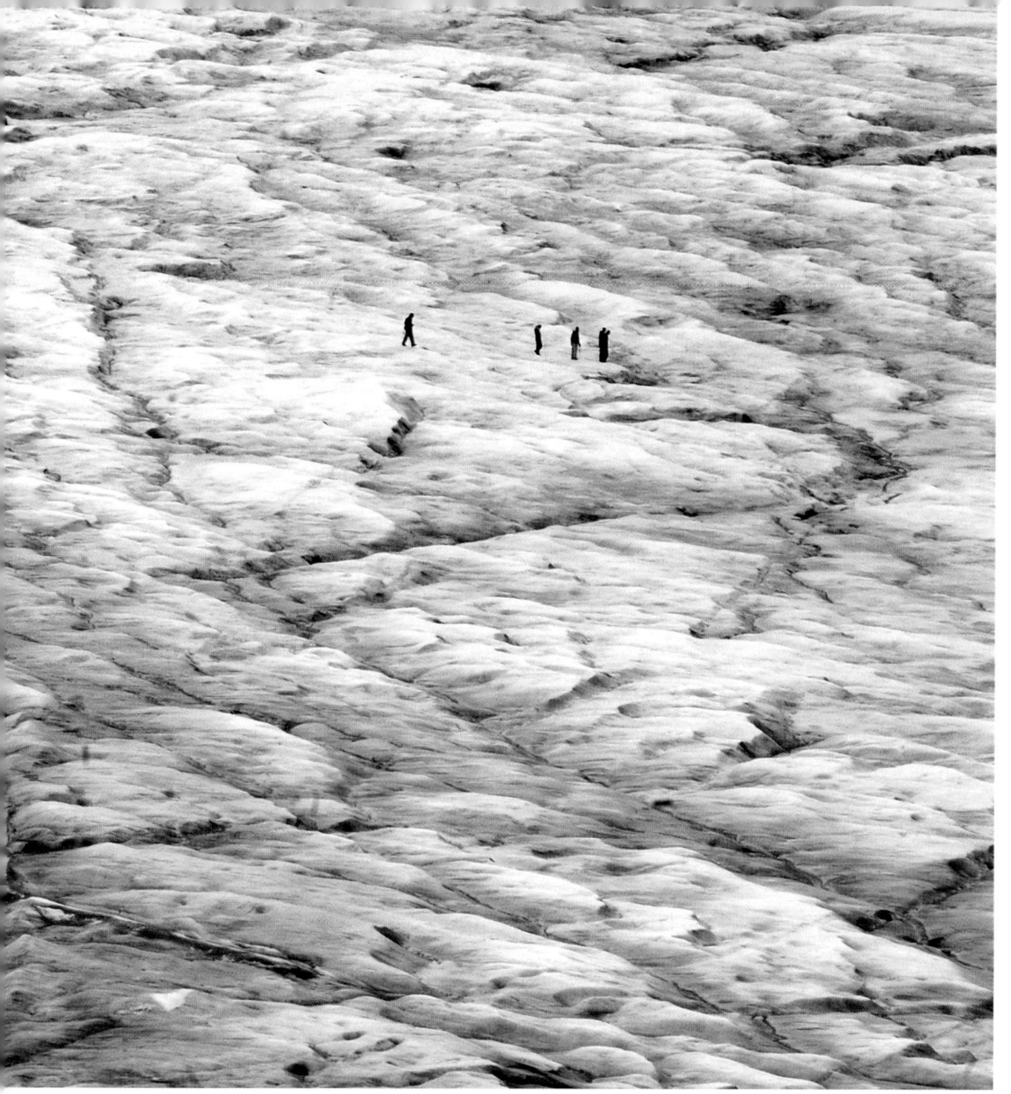

아이스필드 파크웨이 여행의 백미는 로키의 보석이라 불리는 콜롬비아 빙원을 직접 걸어보는 것이다.

티베트의 라싸에서 네팔의 카트만두까지 이어진 우정공로와 파키스탄 라호르에서 중국 카슈가르까지 연결된 카라코람 하이웨이는 히말라야 고봉들의 만년설을 볼 수 있는 지상 최고의 하늘길이다. 이탈리아 베네치아에서 크로아티아 두브로브니크를 거쳐 몬테네그로의 코토르를 잇는 아드리아 해의 해안 길은 코발트블루빛의 아름다운 바다를 바라볼 수 있는 해안 최고의 길이다. 길은 늘 여행자를 설레게 한다. 그것이 특별한 의미를 가진 길이라면 더욱더 말이다.

북아메리카에도 여행자를 설레게 하는 길이 하나 있다. 캐나다 로키 산맥을 대표하는 아이스필드 파크웨이가 바로 그것이다. 밴프에서 재스퍼까지 이어지는 약 300km의 고속도로를 일컫는 아이스필드 파크웨이. 그 길 위에는 로키 산맥의 웅장함과 에메랄드빛 호수, 그리고 뾰족한 침엽수가 있다. 그리고 자연과 야생 동식물이 조화를 이루고 살아가는 생생한 모습이 있다. 무엇보다도 아이스필드 파크웨이를 특별하게 만드는 것은 빙하다. 유네스코에서 특별히 관리하는 아사바스카 빙하, 까마귀 발을 닮은 크로우풋 빙하 등 빙하 자체도 멋지지만 거대한 콜롬비아 빙원과 빙하가 녹으면서 만들어 낸 협곡과 폭포는 인간의 상상 이상이다.

남북으로 길게 뻗은 아이스필드 파크웨이를 여행하기로 했다면 어디서부터 시작할지를 결정해야 한다. 기차를 타고 밴쿠버에서 재스퍼까지 온 여행자들이라면 북쪽에서 남쪽으로 내려오는 게 맞다. 밴프로 도착한 여행자라면 캐나다에서 가장 아름답다는 레이크 루이스에서 출발하여 재스퍼 국립공원 쪽으로 방향을 잡으면 된다. 보통 여행자들은 후자의 코스를 선택한다. 환상적인 에메랄드빛 호수가 많으며 캐나다 로키 산맥 중에서 가장 아름답다고 손꼽히는 밴프를 출발점으로 하기 때문이다.

1960년에 개통된 이 길의 첫 번째 하이라이트는 밴프와 재스퍼 국립공원 경계의 선왑타 패스를 넘으면서 시작된다. 깎아지른 산들 사이로 거대한 콜롬비아 빙원이 보이기 시작하면서 로키 산맥이 숨겨 놓은 자연의 비경이 하나둘씩 속내를 드러내기 때문이다. 길은 왕복 1차선으로 좁은 편이지만 차량이 많지 않으므로 한적하게 로키 산

에메랄드 빛보다 더 파란 페이토 호수.

아사바스카 빙하를 직접 걸으며 자연의 위대함을 체험하고 있는 현지인들.

맥의 진수를 맛볼 수 있다. 운이 좋은 여행자라면 자작나무에서 열심히 놀고 있는 흑곰을 만날 수도 있고 잣나무 뒤편에서 한가로이 풀을 뜯고 있는 사슴도 만날 수 있다. 원시의 자연이 보존돼 빼어난 자연 경관과 그 숲에서 자유로이 노니는 야생 동물은 이곳의 자랑이다.

아이스필드 파크웨이의 두 번째 하이라이트는 바로 빙하다. 이 길 위에서는 빙원과 빙하를 눈으로 보는 것만이 아니라 그 위를 직접 걸을 수 있게 되어 있다. '로키의 보석'이라 불리는 콜롬비아 빙원은 두께 100~370m에 이른다. 이 거대한 빙원은 8개의 빙하로 구성되어 있고, 이곳에서 녹아내린 물은 동쪽으로 대서양, 서쪽으로 태평양, 북쪽으로 북극해로 흘러간다. 그래서 유네스코는 이곳을 '생명의 원천'이라 부르며 적극적으로 보호하고 있다.

특히 아사바스카 빙하 체험은 평생 잊혀지지 않을 추억 거리를 만들어준다. 차량 1대가 무려 20억을 호가하는 특수 설상차를 타고 빙하를 달리는 기분, 그 기분이야 말해 무엇하랴. 차바퀴가 어린 키만큼이나 큰 설상차는 여행자들을 아사바스카 빙하의 중간 지대인 2,133m 지점에 내려 놓는다. 이곳에서 여행자들은 거대한 빙하를 직접 발로 밟는 영광을 누리며 푸른빛이 도는 융빙수를 만져 보고 마셔 본다. 극지방에서나 가능할 것 같은 체험을 이곳에서 하다니 모두들 감탄한 눈치다. 시간적 여유가 있는 여행자라면 설상차 대신 안내자와 동행하는 빙하 트레킹을 해 봐도 좋을 듯하다. 졸졸졸 녹아내리는 융빙수 물줄기를 요리조리 피해 가며 거대한 빙하와 안드로메다 산이 빚어 내는 비경을 감상하노라면, 세상 그 어떤 길을 내어 준다 해도 바꾸고 싶지 않을 것이다. ¤

위 | 옥빛으로 물든 페이토 호수의 절경.
아래 | 무성한 숲과 그 위로 머리를 내민 설산이 한 폭의 그림 같은 아이스필드 파크웨이.

위 | 잔잔한 물결 위에 어지러운 마음을 놓다. 보우 호수에서.
아래 | 엄청난 수량을 자랑하는 아사바스카 계곡.

1534년 스페인에 대항할 당시 잉카 제국이 거점으로 삼았던 성채 도시, 마추픽추.

잃어버린 잉카의 신비 그리고 보물, 페루 '마추픽추'

　　쿠스코에서 112km 정도 달려가면 세상에서 가장 불가사의한 도시를 만날 수 있다. 밀림과 우루밤바 강을 건너 해발 2,300m의 고원 위에 세워진, 잉카인들의 성스러운 땅 마추픽추. 외적의 침입을 피하기 위해 산 정상에 세운 이 도시는 한 마디로 거대한 요새다. 스페인 침략에도 완벽하게 살아남을 수 있었던 마추픽추가 세계에 알려진 것은, 1911년 미국 예일대학 교수 하이램 빙엄이 이곳을 발견하면서부터다.

　　원주민 언어로 마추픽추는 '늙은 봉우리'를 의미한다. 현대인들에겐 '공중 도시' 혹은 '잃어버린 잉카의 도시'로 한번은 꼭 가 보고 싶은 곳이 됐다. 관광지로서도 인기가 높지만 인류학적으로도 매우 가치가 높다. 15세기경 지어진 것으로 추정되는 마추픽추는 그 자체로 신비다. 그 높은 곳에 어떤 방법으로 거대한 석회암을 운반했는지, 어떤 기술을 가지고 저리도 완벽한 요새를 지을 수 있었는지, 그저 놀랍고 신기할 뿐이다.

　　실제로 마추픽추는 설계나 완성도에 있어서 잉카 문명 최고의 건축이라 평가 받는다. 총면적이 13km²에 달하는 이 공중도시는 생활과 방어와 종교적인 역할을 완벽하게 수행하는 구조로 건축되었다. 도시 외곽은 높이 6m, 두께 1.8m의 성벽으로 둘러싸여 있으며 3,000여 개의 계단이 놓여 있다. 성의 내벽과 외벽에는 석회암, 문과 문틀에는 나무, 그리고 천장에는 짚을 주재료로 하였다. 1만여 명이 살았던 것으로 추정되는 이곳에는 40단으로 이루어진 계단식 밭도 있었다.

　　500여 년 전에 태어나 바람처럼 사라진 마추픽추에 가기 위해선 꼬박 하루가 걸린다. 꽤나 값비싼 발품을 치러야 하는 거지만, 이 도시를 마주하는 순간 모든 노곤함이 날아가 버린다. 아름다운 산으로 둘러싸여 있으며 발아래로 우루밤바 강이 멋들어지게 흘러가는 곳. 게다가 계단식으로 만들어진 이 도시는 한 계단 한 계단 오를 때마다 새로운 모습을 보여 주기에 숨 가빠하고 다리 아파 할 겨를이 없다.

　　마추픽추의 한가운데로 들어가고 나면 현대인들은 잉카인들의 지혜 앞에 겸허히 고개를 숙이고 만다. 거대한 석회암을 정교하게 다듬고, 그 돌들을 정확하게 잘라 성벽과 건물을 세웠다. 종이 한 장 들어갈 틈 없이 단단히 쌓인 돌들은 젖은 모래에 비벼서 표면을 매끄럽게 간 것이라고 한다. 도시는 구획이 잘 되어 있는데, 북서쪽에는 주로 종교적인 행사를 담당하는 건물이, 북동쪽에는 일반 거주지가, 그리고 남서쪽에는 호화로운 귀족들의 주택과 감시탑이 있다. 다시 남동쪽으로 방향을 틀면 아주 좁은 골목길과 매우 복잡한 수로 시스템과 농업과 관련된 거대한 규모의 계단식 구조물이 있다. 가까이서 보면 볼수록 완벽한 이 도시는, 역시 세계 7대 불가사의라 할 만하고 유네스코 세계문화유산으로서 손색이 없다.

깊은 밀림 속, 높은 산 정상, 그곳에 지어진 완벽한 요새 마추픽추를 둘러보고 있노라면 과연 인간의 한계는 어디까지일까 궁금해진다. 자신들의 삶 그리고 고유한 문화와 전통을 보존하기 위해 잉카인이 감내해야 했던 그 고통과 희생은 또한 얼마나 컸을까. 그렇게 지켜 낸 그들의 요새가 20세기 한 호기심 많은 학자에 의해 발견되고, 그의 사심으로 진귀한 유물들을 다 도둑맞게 되는 가슴 아픈 미래를 그들은 상상하고 있었을까. 세계의 불가사의 마추픽추는 현대인에게 정말 많은 질문을 던지는 신비의 유적이다. ✡

세계문화유산으로 지정된 마추픽추는 1911년 미국 예일대 하이램 빙엄 교수에 의해 발견되었다.

안개가 자욱한 마추픽추의 아침 풍경은 잉카 문명의 신비로움을 그대로 보여 준다.

하늘 아래 첫 번째 호수, 페루 '티티카카'

해발 3,820m의 고원 지대에 위치한 티티카카 호수는 사람이 헤엄을 칠 수 있는 호수 중에서
가장 높은 위치에 있는 호수로 기록되어 있다.

페루와 볼리비아에 걸쳐 있는 티티카카 호수는 해발 3,820m의 고원 지대에 있는, 남미에서 가장 높은 곳에 위치한 하늘 호수이다. 큰 배가 다닐 수 있을 만큼 깊고 넓은 이 호수는, 그 크기가 서울의 약 14배에 달하여 베네수엘라의 마라카이보 호수에 이어 남미에서 두 번째 큰 호수이다. 수심이 가장 깊은 곳은 280m에 이르기도 한다. 그 자연 풍광 또한 빼어난데, 안데스 산맥에 위치한 터라 5,000m가 넘는 봉우리들로 둘러싸여 신비롭기 그지없다.

티티카카 호수는 우루족으로 유명하다. 우루족은 고대 민족 중 하나로 티티카카 호수를 생활 터전 삼아 살아가고 있는 사람들을 가리킨다. 그들은 호수에서 가장 얕은 모래톱 위에 수상 가옥을 지어 생활하는데, 수생 식물이자 갈대 종류의 하나인 토토라를 건조시켜 표류용 매트를 만들거나 뗏목을 만들어 육지와 소통하고 있다.

호수 주변으로는 계단식 논이 형성되어 있다. 이곳에서 원주민들은 잉카 시대로부터 전해지는 원시적인 농법으로 농사를 짓고 고원 지대에서 잘 자라는 감자와 보리를 재배하며 수천 년의 삶을 이어 왔다. 현재 티티카카 호수 근처에는 해발 4,600m에 위치한 보리밭이 있는데, 지구상에서 가장 높은 밭이라고 한다.

그런가 하면 티티카카 호수는 인류학적으로도 의학적으로도 많은 관심을 받고 있는 곳이다. 아메리카 대륙에서 가장 오래된 문명 발상지임을 증명하는 유적지가 호수 근처에서 발견되면서 티티카카 호수는 인류학적으로 높은 관심을 받게 되었다. 특징적인 것은 이곳이 세계문화유산으로 지정된 볼리비아의 티아우아나코 유적과 인종적, 문화적으로 유사한 점들을 많이 가지고 있다는 점이다. 세계 의학계에서도 주목하고 있다. 고도 생활에 잘 적응하여 살고 있는 인디언들 때문이다. 의학계의 연구 결과, 이곳 사람들은 심장, 폐, 비장 등이 해수면과 같은 고도에서 사는 사람들의 것보다 크며, 그들의 골수는 희박한 공기에서 산소를 얻기 위해 더 많은 적혈구를 만들어 낸다는 사실이 밝혀지기도 했다.

티티카카 호수로 향하는 여정은 페루의 작은 마을 푸노에서 시작된다. 페루쪽 호수에 면한 마을 중 가장 큰 규모를 자랑하는 푸노는 호수 안의 41개 섬을 여행할 수 있는 베이스캠프이다. 그래서일까. 푸노에서 제일 먼저 만나게 되는 것은 티티카카 투어를 파는 호객꾼들이다. 짜증이 나기도 하고 서글프기도 하다. 자본주의가 순수한 영혼의 땅을 잠식하고 있는 장면에 짜증이 나다가도, 그렇게 살아갈 수밖에 없는 그들의 삶이 서글퍼지기도 하는 것이다. 하지만 인간은 망각의 동물. 티티카카 호수에 발을 내딛는 순간 짜증도 서글픔도 모두 머릿속에서 지워진다. 어느 것이 하늘빛이고 어느 것이 물빛인지 모를 아름다운 풍광에 취하고 마는 것이다.

티티카카 호수에서 여행자들이 가장 많이 찾는 섬은 우로스이다. 티티카카의 '떠 있는 섬'으로 불리는 이곳은 토토라로 만든 인공 섬이다. 물에 잠긴 토토라가 썩으면 원주민들은 다시 토토라를 잘라 말린 뒤 새로운 섬을 짓는다. 그러다 보니 우로스 섬의 모양과 크기는 시시각각 달라질 수밖에 없다. 물에 반쯤 잠긴 토토라 매트 위에 만들어진 수상 가옥과 베네치아의 곤돌라처럼 생긴 뗏목, 그리고 그 위에서 수백 수천 년을 이어 온 전통의 삶 덕분에 우로스 섬은 언제나 여행자들에게 인기 만점이다. 우로스 섬 이외에도 섬 주민들의 독특한 생활 시스템을 엿볼 수 있는 타킬레 섬, 고원 지대에서 농사를 짓는 모습과 석양이 매우 아름다운 아만타니 섬 역시 티티카카에서 빼놓을 수 없는 섬들이다.

티티카카 호수를 여행하는 가장 좋은 방법은 투어 프로그램 참여해 이틀 동안 대부분의 섬을 구경한 뒤 원주민들이 사는 아만타니 섬에서 하룻밤 묵으며 티티카카 호수의 아름다운 저녁 풍경을 감상하는 것이다. 호수 여행에 실증을 느낀 여행자라면 호수 주변의 고대 문명 유적지를 탐방하는 것도 좋다. 원형 그대로 잘 보존되어 있는 시유스타니 석탑 묘를 비롯하여 시기를 달리하는 다양한 석탑들이 여행자들을 기다리고 있다. 하늘 아래 첫 번째 호수는 다채롭다. 호수 풍경이 다채롭고 섬 위의 삶이 다채롭고 그 역사가 다채롭다. ◌

면적 8,135㎢, 최대 수심 281m에 이르는 티티카카 호수는 남아메리카 최대의 담수호이다.

갈대의 일종인 토토라를 이용해 집을 짓고 사는 티티카카 호수의 원주민들.

원주민의 마음을 닮아 맑고 깨끗한 티티카카 호수의 물빛.

하얀 소금사막 위에 빛나는 플라밍고의 분홍빛 춤, 볼리비아 '우유니'
AMERICA | 010 | BOLIVIA

해발 3,653m의 고지대에 위치한 소금사막 우유니.

　　독립운동 영웅 시몬 볼리바르의 나라, 볼리비아. 험준한 안데스 산맥에 자리하고 있으며, 바다에 면하지 못한 채 브라질, 파라과이, 아르헨티나, 페루, 칠레의 5개국으로 둘러싸여 있는 내륙국. 인디오의 숨결과 고대 잉카 문명의 영광을 간직하고 있는 이 나라는, 우리에겐 아직 머나먼 미지의 땅이다. 그래서 볼리비아는 '남미의 티베트다'.

　　우유니 소금사막은 신이 볼리비아에 내린 최고의 선물이다. 볼리비아 남서쪽 해발 3,650m에 위치한 이 사막은, 지각 변동으로 바다로부터 솟아오르면서 형성된 푸포 호수와 우루우루 호수가, 오랜 세월 건조한 기후 속에서 모두 증발하고 소금 결정만 남아 형성된 것이다. 약 100억 톤의 소금이 매장된 것으로 추정되는 이곳에서는 매년 2만 5천 톤의 소금이 생산되고 있다고 한다.

　　우유니 소금사막은 건기와 우기에 따라 전혀 다른 모습으로 여행자들을 감동시킨다. 건기에 해당하는 4월에서 10월 사이에는 물방울 하나 없이 하얀 소금 바닥을 구경할 수 있다. 이때는 염도가 바다의 8배라는 소금을 맛볼 수 있다. 이 시기 여행의 백미는 하얗게 빛나는 광활한 소금사막 위를 자동차로 횡단하는 일이다. 우유니 소금사막이 아니고서는 결코 경험할 수 없는 것이기에, 이 재미는 절대 놓쳐서는 안 된다. 11월부터 3월까지는 우기다. 비가 많지는 않지만 그래도 이 시기가 되면 약 20cm 정도 되는 물이 고여 소금사막은 호수로 변신한다. 맑은 호수는 거울과도 같아서 하늘과 호수 양면에 구름의 데칼코마니를 만들어 놓은 것 같다.

　　이곳은 또한 분홍빛 플라밍고의 서식지로도 유명하다. 비가 내리는 우기에 번식을 위하여, 남미에서 가장 예쁘다는 칠리안, 제임스, 안데안 종들의 플라밍고가 모여드는 것이다. 눈부신 햇살을 받으며 분홍빛 플라밍고 수백 마리가 파란 하늘을 향해 일제히 날아오르는 장면은 그야말로 장관이다.

　　우유니 소금사막을 둘러보는 가장 좋은 방법은 현지 투어 프로그램을 이용하는 것이다. 일반적인 투어에서 여행자들은, 첫 날은 우유니 근처에서, 나머지 사흘은 우유니 남쪽에 있는 산에서 묵게 된다. 가격이 만만치는 않지만 숙박과 식사가 모두 포함되어 있어서 여행자는 투어 기간 동안 홀가분한 마음으로 우유니를 만끽할 수 있다. 만약 투어의 짜여진 일정이 싫다면 현지에서 동행을 구해 개별적으로 여행하는 방법을 시도해 봐도 좋겠다. 아르헨티나로부터 건너오는 여행자에겐 좋은 선택지가 하나 더 생긴다. 투피사에서 출발하는 투어가 그것인데, 다른 투어에 비해 값은 비싸지만 하루 하고도 반나절을 다른 여행자들과 섞이지 않고 홀로 우유니를 감상할 수 있는 특권이 포함되어 있다.

어떤 투어를 선택하든 여행자들이 꼭 거쳐야 하는 곳이 있으니, 바로 '어부의 섬'이다. 이곳에서는 모래사막에서나 볼 수 있는 선인장 군락지를 볼 수가 있다. 아프리카의 사하라 사막이나 북미의 애리조나 사막에서나 볼 수 있는 선인장을, 이 높은 고도의 소금 사막에서 만나게 되다니 여행자들의 감탄을 멈출 줄을 모른다. 밤이면 우유니 사막은 더욱 신비로워진다. 하얀 소금사막과 어부의 섬 그리고 달이 마치 낯선 행성 같다.

높은 해발고도는 여행자에겐 부담이다. 고산에 잘 적응하느냐 못하느냐에 따라 여행의 성패가 결정되기 때문이다. 아무리 좋은 풍경도 고산병 앞에서는 무용지물일 것이다. 하지만 우유니 소금사막만큼은 예외이지 않을까. 뜨거운 햇살 아래 눈부시게 빛나는 하얀 소금사막, 그 위로 분홍빛 플라밍고가 나는 그림 같은 풍경. 게다가 밤이면 수만 개의 별이 여행자를 홀리니, 아무리 높다한들 고산병이 여행자를 쓰러트릴 수 있을까. ¤

소금기가 하얗게 남아 있는 호수에서 분홍빛 플라밍고들이 휴식을 취하고 있다.

위 | 건기의 우유니 사막은 바닥이 마치 거북이 등처럼 갈라진다.
아래 | 볼리비아의 라파즈로부터 남쪽으로 200km 떨어져 있고, 칠레와 국경을 이루는 우유니 소금사막.

위 | 소금사막 우유니는 플라밍고의 도래지로도 유명하다.
아래 | 영원히 파란 하늘빛을 가득 품은 우유민 호수.

춤과 노래 그리고 열정 가득한 곳, 브라질 '리우데자이네루'

매년 2월 말이면 브라질의 리우데자이네루는 열광의 도가니로 변한다. 세계적인 축제 '삼바 축제'가 열리기 때문이다. 사흘 밤낮으로 쉴 새 없이 울려 퍼지는 북소리에 삼삼오오 짝을 이뤄 신나게 몸을 흔드는 브라질리안까지, 삼바 축제는 옆에서 보고만 있어도 엉덩이가 절로 들썩거릴 정도다. 하지만 리우데자네이루가 삼바 축제 때만 잠깐 들썩인다고 생각하면 오산이다. 브라질 사람들의 낙천적이고 열정적인 기질은 일 년 내내 사그라지지 않아서, 리우데자네이루는 언제 어디서나 춤과 음악이 끊이질 않는다.

짧게 '리우'라고도 불리는 이곳은 브라질의 수도이자 이탈리아 나폴리, 호주 시드니와 함께 세계 3대 미항으로 꼽히는 항구 도시이다. 특히 이곳은 산과 바다가 어우러져 수려한 경관을 자랑한다. 나폴리에 베수비오 산이 터줏대감처럼 버티고 서 있는 것처럼 리우에도 코르코바두 언덕을 비롯한 크고 작은 구릉들이 해안을 따라 알알이 박혀 있다.

코르코바두 언덕에 가면 리우의 진면목을 감상할 수 있다. 우선 이곳에는 세계 불가사의로 새롭게 인정받은 예수상이 서 있다. 도시 어디에서나 볼 수 있을 만큼 거대한 이 예수상은, 1931년 브라질의 독립 100주년을 기념하여 만들어진 것이다. 높이 30m에 좌우로 벌린 팔 길이만 28m로 세계 최대 규모를 자랑한다. 동상 내부에는 리우의 시내를 한눈에 조망할 수 있는 전망대가 설치되어 있다. 이곳에서 내려다보는 리우는 과연 세계 3대 미항답다. 바다를 향해 뻗어 있는 작은 산과 말발굽처럼 들어간 해안 그리고 해안을 따라 들어선 도시의 빌딩숲이 구도 잘 잡힌 한 장의 사진 같다. 특히 저녁 무렵이면 아름다운 노을까지 가세하여 리우의 아름다움이 여행자의 발길을 놓아주지 않는다.

코파카바나는 리우에서 가장 아름다운 해변이다. 쉼 없이 들어왔다 나가는 파도가 도시에 활기를 불어 넣는다. 보드라운 해변의 길이가 자그마치 5km에 이르는 코파카바나 해변은 '브라질의 마이애미'로 불린다. 그만큼 해변이 아름답다. 덕분에 이곳은 언제나 일광욕과 서핑을 즐기러 온 젊은이들로 북적인다. 운이 좋다면 뜨거운 태양 아래 춤을 추며 노래를 하는 열정적인 그룹도 만날 수 있다. 파도 위를 아슬아슬하게 달리는 서퍼들, 일광욕을 즐기는 화려한 비키니 차림의 여성들, 그리고 거리낌 없이 춤을 추는 이들까지, 열정적인 사람들이 있어 코파카바나의 해변은 태양보다 뜨겁다.

해변의 열기를 잠시 식히고 싶다면 해변과 인접해 있는 아틀란티카 거리로 가 보자. 이곳에 들어서면 정말 마이애미에 온 듯한 인상을 받는다. 해안 도로를 따라 고급 호텔들이 줄지어 서 있고, 분위기 좋은 최고급 식당과 카페가 어깨를 나란히 하고 있다. 그곳에 앉아 여전히 열정이 식지 않은 해변을 바라보는 것도 괜찮은 여정이 된다.

이 외에도 리우데자네이루에는 볼거리가 다양하다. 따스한 오렌지빛 햇살이 머무는 이파네마 해변, 2만 5,000명이 동시에 예배를 볼 수 있는 높이 104m의 거대한 메트로폴리타나 대성당, 남미 최대 축구장인 마낭카낭 축구 경기장 등 리우 시내에는 볼거리가 무궁무진하다. ✡

1931년 브라질의 독립 100주년을 기념하기 위해 만들어진 예수
그리스도 상은 리우데자네이루가 한눈에 내려다보이는 코르코바도 언덕 위에 서 있다.

이탈리아 나폴리, 호주 시드니와 함께 세계 3대 미항으로 알려진 리우데자네이루.

브라질하면 가장 먼저 떠오른 이미지는 바로 삼바 축제이다.

아르헨티나를 대표하는 문화, 탱고.

바이올린과 피아노가 빚어 내는 매혹적인 선율을 따라 멋지게 차려 입은 남녀가 섹시한 춤사위를 펼친다. 다소 긴장한 듯한 여자를 노련하게 리드하는 남자는 놀랍게도 장님이었다. 시각을 잃은 퇴역 장교 역할을 멋지게 소화해 낸 알파치노 연기와 매혹적인 탱고로 빛나는 〈여인의 향기〉의 한 장면이다. 그 영화를 보며 얼마나 많은 사람들이 탱고에 대한 환상을 키워 나갔던가. 비단 영화뿐만이 아니라, 탱고는 문학과 춤과 음악 분야에서도 언제나 훌륭한 예술 소재가 된다. 그 탱고의 고향이 바로 아르헨티나의 부에노스아이레스다.

인구 1천4백만의 대도시 부에노스아이레스는 아르헨티나의 정치적, 경제적, 문화적 수도이자 아르헨티나 다른 지역으로 들어가기 위한 관문이다. 이 도시는 1536년 스페인의 귀족 출신 페드로 데 멘도사에 의해 형성되었다. 초기만 해도 이곳은 도시라기보다는 집 몇 채가 모여 있는 작은 부락에 불과했다. 그마저도 원주민인 인디언들과의 잦은 분쟁으로 정착이 쉽질 않았다. 그렇게 스페인 정착민들이 피난을 반복하고 시행착오를 거치면서 부에노스아이레스는 겨우 도시의 모습을 갖춰 나가기 시작했다.

도시가 점차 안정되면서 유럽으로부터 이민자들이 몰려들었다. 유럽 각지에서 배를 타고 이민와 정착한 사람들을 가리켜 '포르테뇨'라고 한다. 이들은 꿈과 희망을 찾아 미지의 세계로 건너왔다. 그리고 항구 부근에 뿌리를 내리며 새로운 삶을 이어갔다. 그들이 들어오면서 세운 유럽풍의 건축 덕분에 부에노스아이레스는 남아메리카에서 가장 유럽 분위기가 나는 도시가 될 수 있었다.

부에노스아이레스는 현대와 과거가 공존하고 있다. 현대적인 건물 사이로 오랜 전통을 간직한 매력적인 명소들이 즐비하다. 화려하고 세련된 고층 아파트 사이로 19세기에 지어진 집들이 신구의 묘한 조화를 이루고 있다. 게다가 가로수가 빽빽이 심어져 있는 거리까지, 부에노스아이레스의 거리 풍경은 마치 프랑스 파리의 샹젤리제 거리 같다. 부에노스아이레스는 바리오라 불리는 47개의 지구로 나뉘는데 각각의 바리오는 독특한 개성을 가지고 있다. 팔레르모 지구, 레콜레타 지구, 그리고 벨그라노 지구 등은 대궐 같은 저택과 호화로운 고층 건물이 가득한 지구다. 반면 산 텔모 지구는 큰 도로와 드넓은 공원 사이로 서민들의 소박한 삶이 이어지는 지구이다.

그 중에서도 보카 지구는 탱고의 기원이자 부에노스아이레스에서 가장 열정적이고 이국적인 분위기가 넘쳐나는 곳이다. 부에노스아이레스 여행도 바로 이곳에서 시작한다. 일단 이 지구에 들어서면 수많은 탱고 클럽들이 있어 여행자로서는 탱고를 피할 길이 없다. 그 클럽들에서 그리고 거리 곳곳에서 즉흥적으로 열리는 탱고 공연은 여행자의 혼을 쏙 빼놓는다. 보는 데 그치지 않고 탱고를 춰 보고 싶다면 짧은 시간이나마 탱고를 배울 수 있는 곳도 많으니 용기를 내어 봐도 좋을 듯하다.

탱고는 함께 추는 남녀의 우아하고 정열적인 춤사위가 매혹적이다. 다른 춤과 달리 상체는 최소한의 동작으로 매우 절제되어 있지만 남녀의 발은 쉴 새 없이 그리고 아주 강렬하게 무대 위를 휘젓는다. 탱고를 추며 서로 눈빛을 교환하는 남녀 무용수를 보고 있으면, 사랑하지 않고서는 도저히 출 수 없는 춤이 탱고라는 말이 십분 이해가 간다. 하지만 정열적인 춤사위와는 대조적으로 바이올린과 피아노, 아코디언, 첼로 등으로 연주되는 탱고 음악은 조금은 애달프고 서글프다. 탱고 음악의 기원에 대한 확실한 문헌적 기록은 없지만, 1800년 쿠바에서 유행하던 하바네라와 부에노스아이레스 거리에서 연주되던 칸돔베가 섞인 밀롱가가 변형되어 탱고 음악이 되었다는 것이 정설로 받아들여지고 있다. 특히 하바네라는 쿠바의 사탕수수와 담배 농장에서 일하던 아프리카 흑인들의 노래에 쿠바의 감각이 덧붙어져 만들어진 음악이다. 흑인들의 노동자들의 노동요를 기반으로 한 만큼 탱고 음악에는 애달픈 분위기가 흐르고 있는 것이다.

탱고의 애달픈 선율과 매혹적인 춤사위가 끊이질 않는 부에노스아이레스. 탱고가 있기에 부에노스아이레스에선 보카 지구를 기웃거리는 것만으로도 의미 있는 여행이 된다. ¤

유럽 이민자들의 삶의 애환이 스민 탱고는 아르헨티나를 여행하는 동안 마치 그림자처럼 따라다닌다.

Ciudad de
nos Aires
ARGENTINA
nos Aires   Argentina
ARGENTINA

탱고의 고향 보카 지구는 부에노스아이레스에서 가장 열정적이고 이국적인 분위기가 넘쳐난다.

일생에
한번은

꼭
만나야
할

곳

OCEANIA

폴 고갱이 반한 열대의 섬, 타히티 '보라보라 섬'

지금으로부터 100여 년 전, 프랑스 화가 폴 고갱은 자신의 이상향을 찾아 배를 타고 험난한 여정에 돌입했다. 63일간의 항해 끝에 도착한 타히티는, 그의 인생을 송두리째 바꿔 버릴 만큼 아름다운 환상의 섬이었다. 타히티 원주민들의 순수함과 천진난만함에 반한 그는 만 2년을 타히티에 머물며 그곳의 아름다움을 그림으로 표현했다. 특히 원주민들의 모습을 많이 담아냈는데, 〈아레아레아〉나 〈타히티의 여인들〉이 그 대표적인 그림이다. 그렇게 폴 고갱이 찾아낸 유토피아는 이제 현대인들의 삶의 휴식처가 되었다.

타히티의 정식 국가명칭은 프렌치 폴리네시아이며 투아모투 군도, 마퀴저스 군도, 오스트럴 군도, 감비어 군도, 소시에테 군도 등 5개의 군도 118개 섬으로 이뤄져 있다. 폴 고갱이 반한 타히티 섬은 소시에테 군도에 속한다. 그리고 이 군도에 프렌치 폴리네시아의 수도인 파페에테가 있다.

하늘에서 내려다본 타히티 섬은 마치 큰 공과 작은 공을 연결해 놓은 듯한 모습이다. 타히티 원주민들은 큰 섬을 '타히티 누이', 작은 섬을 '타히티 이티'라고 부른다.

그들의 언어로 '누이'는 '크다'를, '이티'는 '작다'를 의미하기 때문이다. 우리의 제주도처럼 화산 폭발로 생성된 이 섬 중앙에는 해발 2,241m의 오로헤나와 해발 2,110m의 피토이티 등의 고봉이 자리하고 있다. 마을들은 그 고봉 밑으로 들어서 있는데, 프렌치 폴리네시아 인구 26만 중 17만 명 정도가 이곳에서 살고 있다고 한다.

타히티의 수많은 섬들 중 사람들에게 가장 인기 있는 곳은 보라보라 섬이다. 타히티 본섬에서 240km 떨어진 보라보라 섬은 끝없이 펼쳐진 산호초 해변으로 이국의 향기를 물씬 풍긴다. 쉴 새 없이 부서지는 에메랄드빛 파도와 오렌지 빛깔의 햇살, 그리고 끝이 보이지 않는 수평선, 밀가루보다도 더 고운 모래 등 구성 요소 하나하나가 여행자들의 가슴을 설레게 한다. 어디 바다뿐이랴. 곳곳에 녹음의 옷을 걸친 휴화산들 역시 보라보라 섬에 환상적인 풍경을 더한다. 그 아름다움으로 보라보라 섬은 영화 〈허리케인〉의 배경이 되기도 했다.

보라보라 섬의 유명한 해안이자 주요 숙박시설이 몰려 있는 마티라 부근은 늘 여행자들로 북적인다. 청록빛의 투명한 바다 사이로 산호와 백사장이 절묘한 조화를 이루어 '태평양의 진주'로 불리기도 하는 이곳은, 특히 해질 무렵이 압권이다. 폴 고갱이 그토록 표현하고자 했던 열대의 강렬한 색채가 모두 담겨 있는 마티라의 석양은 단연 세계 최고다. 요트, 수상스키, 스노클링 등으로 한낮을 뜨겁게 보낸 여행자에게, 열대의 강렬하고 신비로운 석양빛이 시원한 휴식과 달콤한 평화를 선사하는 듯하다.

해질 무렵이 최고라지만 보라보라 섬은 온종일 아름다운 섬이다. 특히 물속 세계에 관심이 많은 여행자들에게는 특히 그렇다. 어깨 깊이에 불과한 바다임에도 불구하고 따뜻한 수온 덕에 보라보라 섬의 수중 생태계는 언제나 풍요롭고 다채롭다. 그래서 운이 좋지 않은 여행자라 해도 손쉽게 거북이, 가오리, 상어 등을 만날 수 있다. 어둠에 내리면 보라보라 섬은 고요한 산호섬이 된다. 인공의 불빛이 사라진 섬 위에 달빛과 별빛이 내려앉는다. 달빛과 별빛이 이리도 밝은 빛이었던가, 문명에서 건너온 여행자는 놀라울 따름이다. 그 은은한 빛 아래에는 파도 소리만이 정적을 깰 뿐, 모든 것

jetski

폴 고갱의 예술에 대한 열정이 남아 있는 타히티는 태곳적 신비를 고스란히 간직하고 있다.

위 | 하늘에서 내려다본 타히티 섬들의 모습은 자연의 위대함을 느끼기에 충분하다.
아래 | 수많은 타히티 섬들 중에서 가장 아름다운 보라보라 섬.

일상에 지친 도시인들에게 타히티는 마음의 여유와 삶의 활력소를 제공한다.

이 잠든 평화로운 세계가 펼쳐진다.

　고갱은 단순한 삶을 찾아 길을 떠났다. 그리고 이곳 타히티에서 그 단순한 삶을 찾아냈다. 단순했지만 풍요로운, 소박했지만 강렬했던 타히티의 삶에 그는 매료될 수밖에 없었다. "전원에 널려 있는 눈부신 모든 것이 나를 눈멀게 만들었다."던 그의 말마따나 언제나 눈부신 곳, 타히티. 그 아름다움으로 타히티는 여전히, 문명 세계를 탈출하고픈 현대의 고갱들에게 영원한 유토피아다. ♡

폴 고갱의 그림에 자주 등장했던 타히티 여인들의 해맑은 미소.

자연과 하나가 되는 세계 3대 미항의 도시, 호주 '시드니'

자연과 하나가 되는 세계 3대 미항의 도시, 시드니.

조가비 모양의 지붕이 인상적인 오페라 하우스.

원주민 말로 바위에 '부서지는 흰 파도'라는 뜻을 가진 본다이 비치.

시드니의 상징인 하버 브리지와 오페라 하우스는 해가 질 무렵에 보는 것이 가장 아름답다.

이탈리아의 나폴리, 브라질의 리오데자네이루와 함께 세계 3대 미항으로 알려진 호주의 시드니. 4백만 명의 인구가 모여 사는 시드니는 뉴 사우스 웨일스의 주도이자 호주에서 역사가 가장 오래된 도시이다. 전 세계 도시 평가에서 항상 5위 안에 랭크될 만큼 살기 좋은 이곳은 2000년 하계올림픽을 개최하면서 국제적인 도시로 발돋움했다.

지금의 시드니는 고층 빌딩들이 즐비한 세련된 도시가 되었지만, 몇 백 년 전만해도 바위 투성이의 황량한 들판이었다. 원주민 아보이진이 부메랑으로 사냥을 하고, 수많은 캥거루가 숲에서 뛰놀던 원시의 대륙. 하지만 호주 대륙의 평화로운 역사는 거기까지였다. 1770년 제임스 쿡 선장이 이끄는 영국 탐험대가 호주에 도착하면서 아보이진은 침입자들에게 모든 것을 뺏기고 정착촌 하나 없이 떠돌며 고유의 전통과 문화마저 다 잃고 말았다. 아보이진이 쫓겨난 땅에는 영국 본토로부터 죄수와 이민자들이 건너왔다. 그들은 교회를 세우고 관공서를 지으면서 호주를 영국 식민지로 탈바꿈시켰다. 시드니란 도시명도 영국 장관 시드니 경의 이름을 딴 것이었다.

아보이진에겐 서글픈 역사의 땅이 이제는 전 세계 여행자들의 로망이 됐다. 영어를 배우기 위하여, 젊은이의 특권 워킹할리데이를 위하여, 그리고 아름다운 자연을 감상하기 위하여. 시드니는 호주 대륙으로 들어서기 위한 첫 번째 관문이다. 가리비 모양의 오페라 하우스는 시드니의 상징이다. 맑은 하늘을 향해 솟은 하얀 지붕이 어찌나 당당한지, 큰 물결을 헤치고 나아가는 돛처럼 보일 정도다. 1973년에 완공된 오페라 하우스는 건축 기간 동안 사연이 참 많았다. 1957년 호주 정부가 오페라 하우스를 짓기로 결정하면서 수많은 건축가들이 설계 공모에 참가하였는데, 그때 최종 당선된 것이 덴마크의 건축가 이외른 우촌의 작품이었다. 하지만 건축 초기부터 기술적인 문제가 대두되면서 공사가 자꾸 연기되고 공사비도 늘어나면서 건축가는 이 프로젝트를 철회하고 고국으로 돌아가 버렸다. 원래 총 공사비 예산도 1,000만 달러로 책정되었으나 실제로는 그의 10배가 넘는 비용이 들어가게 되었다. 이에 오페라 하우스가 복권을 발행하였고 이를 통해 부족한 금액을 충당하면서 오페라 하우스는 무사히 완성될 수 있었다. 당초 계획보다 무려 10년이나 지나서 말이다.

　오페라 하우스를 보며 한껏 달아오른 흥분은, 하버 브리지에 이르면서 최고조가 된다. 오페라 하우스가 건립되기 전 50여 년 이상 시드니의 가장 인기 있는 명소로 큰 인기를 누렸던 시드니의 터줏대감, 하버 브리지. 시드니 항구에 환상적인 풍경을 더하는 이 아치형 다리는 현지인들에게 '낡은 옷걸이'란 애칭으로 불리기도 한다. 길이 500m에 이르는 다리에 올라서면 발아래로 멋진 바다와 시드니의 모습이 선명한 파노라마처럼 펼쳐진다. 간혹 여행자들 중에는 하버 브리지의 꼭대기까지 오르는 사람들도 있는데 튼튼한 철골 구조를 오르는 모습을 보고 있노라면 그 모습이 마치 등산객 같다.

　시드니에서 로맨틱한 분위기를 원한다면 해질 무렵의 달링 하버로 가 보자. 인근 섬을 오가는 배들이 출발하고 도착하는 달링 하버는, 그곳에서 바라보는 바다의 경치가 매우 아름답다. 얼마 전까지만 해도 낡은 선착장과 철로로 지저분했지만, 최근 말끔히 새 단장을 하면서 또 하나의 명소가 됐다. 이곳에서는 중앙역, 차이나타운, 시청사가 멀지 않으니, 해가 있을 때 이런 곳들을 돌아보고 해질 즈음에 달링 하버에 가서 석양 및 야경을 보는 것도 좋은 코스가 될 것이다.

　마지막으로 시드니의 미항을 제대로 즐기는 법 하나. 바로 선셋 크루즈를 하는 것이다. 해질 무렵 배를 타고 바다로 나가 오페라 하우스며 하버 브리지며 달링 하버를 바라보면 육지에서는 보지 못했던 시드니의 새로운 모습이 드러난다. 한낮을 달궜던 붉은 태양이 완전히 사라지고 고층 빌딩이 화려한 조명 빛을 내뿜으면, 도시는 낭만 그 자체가 된다. 그 모습을 보고 있노라면 시드니가 왜 세계 3대 미항이라 불리는지, 왜 전 세계 여행자들이 시드니를 로망으로 이야기하는지 충분히 이해가 된다. ♡

세계 3대 비치이자 서퍼들의 지상 낙원, 호주 '골드코스트'

서퍼들의 천국이자 황금빛 해변이 아름다운 골드코스트.

보드라운 금빛 모래 해변이 42km에 이르는 골드코스트는 호주에서 가장 인기 있는 해변 휴양 도시다.

위 | 씨월드의 돌고래 쇼.
아래 | 호주를 대표하는 동물, 캥거루 원주민어로 '잘 모른다'라는 뜻.

위 | 서퍼들의 천국이라 불리는 '서퍼 파라다이스'
아래 | 골드코스트의 새로운 명물, Q1전망대.

알로하 셔츠를 입고 느긋하게 해변을 거니는 사람들. 집채만 한 파도를 뚫으며 유유자적 서핑을 즐기는 사람들. 늘씬한 몸매를 시원하게 드러내며 일광욕을 즐기는 사람들. 골드코스트엔 늘 여유와 열정과 활기가 넘친다. 이곳이 왜 세계 3대 비치인지, 왜 호주를 대표하는 최고의 휴양지인지, 그리고 왜 서퍼들이 지상 낙원이라 부르는지는 직접 가 보면 안다.

호주 퀸즐랜드의 주도인 브리즈번에서 70km 정도 떨어진 골드코스트는, 북쪽의 사우스 포트에서 시작하여 그 유명한 서퍼서 파라다이스 비치, 벌리헤즈, 쿨랑카타 등 4개의 시로 이루어진 연합 도시이다. 장장 42km에 이르는 골드코스트는 '황금 해변'이라는 그 이름에 걸맞게 쉴 새 없이 몰아치는 큰 파도 위로 금빛 햇살이 하염없이 쏟아진다.

골드코스트에는 단순히 햇살과 바다와 파도만 있는 게 아니다. 그랬다면 오늘날의 명성은 얻지 못했을지도 모른다. 골드코스트에는 가 볼만한 흥미진진한 곳이 한둘이 아니다. 우선 다양한 테마 시설이 있다. 돌고래 쇼, 물개 쇼. 수상스키 쇼 등이 유명한 씨월드, 미국의 거대 영화사인 워너브라더스가 할리우드의 분위기를 고스란히 옮겨 만들어 놓은 무비월드, 세계에서 가장 흥미진진한 롤러코스터가 있는 드림월드, 호주를 대표하는 코알라와 캥거루 등을 직접 만지고 먹이를 줄 수 있는 파라다이스 컨츄리 등 다양한 테마 시설은 골드코스트에 방문한 여행객들에게 즐거운 놀이를 선사한다. 그런가 하면 여행자들을 위한 편의 시설도 잘 갖추어져 있다. 고급 호텔과 리조트, 아파트, 게스트 하우스, 유스호스텔 등 다양한 숙박 시설이 있어서 어느 누구라도 부담 없이 골드코스트를 방문하고 즐길 수 있게끔 되어 있다. 덕분에 골드코스트는 매년 3백만의 엄청난 관광객이 몰려드는 호주의 명소가 됐다. 특히 최대 성수기라고 할 수 있는 10월에서 2월까지는 골드코스트가 인산인해를 이루는 진풍경을 볼 수가 있다.

최근 수십 년 동안 불어 닥친 관광 붐과 건축 붐을 타고 골드코스트는 비약적인 발전을 이루었다. 일명 '서퍼들의 천국'이라 불리는 서퍼스 파라다이스 비치를 기점으로 초고층 아파트와 호텔들이 새로운 스카이라인을 형성하였다. 눈이 부실 만큼 수려한 해변과 하늘 위로 우뚝 솟아오른 빌딩 숲이 만들어 내는 세련된 모습은 골드코스트가 가진 또 다른 매력이다. 그 중에서도 세계에서 가장 높은 주거용 아파트 Q1빌딩은 도시의 랜드마크이자 아이콘이다. 지상 230m 높이에 위치한 Q1 전망대에 서면 북쪽으로 10km, 남쪽으로 35km에 이르는 천혜의 황금 해변이 한눈에 들어온다. 360도로 장엄하게 펼쳐진 골드코스트의 전경은 그야말로 장관이다.

푸른 하늘과 하얗게 부서지는 파도와 은빛의 백사장이 그림엽서처럼 펼쳐지는 서퍼스 파라다이스 비치는 골드코스트의 백미다. 이곳 모래는 밀가루만큼 곱고 부드러워 하와이 와이키키 해변 모래로 사용되었을 정도다. 또한 기후는 온화한 편으로 겨울 최고 기온 22도, 여름 최고 기온 28도 정도이고, 1년 중 300일 이상 맑은 날로 지구상에서 가장 쾌적한 날씨를 보여준다.

골드코스트는 수영과 서핑만을 위한 도시는 아니다. 남북으로 길게 뻗은 동부 해안 전체가 최고의 휴양지인 동시에 호주 대륙에 들어가기 위한 관문이 된다. 골드코스트에서 내륙쪽으로 조금만 들어가면 거대한 목초지가 펼쳐지고, 제임스 쿡 선장을 매료시켰던 워닝 산, 뉴 사우스 웨일즈 지방과 경계한 누민바 계곡과 자연 아치 브리지 국립공원, 래밍턴 국립공원, 그레이트 디바이딩 산맥 등 울창한 산림 지역이 여행자를 기다리고 있다. 호주 대륙이 준비해 놓은 울창한 산림 지역을 먼저 돌아보고 골드코스트에 가서 해변을 즐긴다면 골드코스트의 매력이 배가 될 것이다. ✿

구름을 뚫고 올라간 설산雪山, 뉴질랜드 '마운틴 쿡'

파란 하늘 아래로 트레킹을 하며 설산의 아름다움을 만끽하고 있는 트레커들.

남반구에서 가장 높은 마운틴 쿡을 보며 트레킹을 하고 있는 트레커의 모습.

눈부신 만년설로 덮여 있는 아름다운 산, 마운틴 쿡. 에메랄드빛 호수들을 내려다보며 봉긋 솟아 있는 이 산은 뉴질랜드의 절경 중 하나이다. 영국 선장 제임스 쿡의 이름을 따서 지금은 마운틴 쿡이라 불리지만, 원래는 '아오라키'란 이름의 산이었다. 마오리족의 언어로 '구름을 뚫고 올라간 산'의 의미다. 이름처럼 마운틴 쿡은 해발 3,754m의 높이를 자랑하며 뉴질랜드 남섬 한가운데에 우뚝 서 있다.

마운틴 쿡 국립공원에는 3,000m급 봉우리가 18개나 되고, 2,000m급 봉우리만도 140개가 넘는다. '남반구의 알프스'라는 애칭이 무색하지 않다. 게다가 마운틴 쿡 주변으로 세계에서 가장 두텁다는 테즈만 빙하와 밀키블루의 환상적인 물빛을 자랑하는 푸카기 호수, 테카포 호수 등이 있다. 그래서 마운틴 쿡은 경관이 아주 빼어나다.

하지만 마운틴 쿡을 유명하게 만든 것은 에드먼드 힐러리 경이다. 에베레스트를 처음으로 등정한 뉴질랜드 출신의 등반가, 힐러리 경. 그는 뉴질랜드 북섬 오클랜드에서 태어났지만 남섬의 마운틴 쿡을 오르며 에베레스트 등정의 꿈을 키웠다. 특히 1,933m의 올리비에 산은 마운틴 쿡 국립공원 내에서 힐러리 경이 제일 먼저 오른 산이자 생애에서 가장 기억에 남는다고 평가한 산이다. 사실 힐러리가 애초부터 등반가였던 것은 아니다. 양봉업자인 아버지를 도우며 살았던 그는, 20세기 초반 그저 취미로 마운틴 쿡 주변의 낮은 산들을 오르내리기 시작했다고 한다. 그렇게 시작한 취미가 훗날 에베레스트 등정이라는 위업의 밀알이 될 줄 누가 알았겠는가.

흔히들 산 정상에서 좋은 경치를 감상하기 위해서는 조상의 덕이 필요하단 말을 한다. 그게 사실이라면 마운틴 쿡만큼 조상의 덕이 필요한 산도 없을 성 싶다. 여름철에는 비가 많이 오고 겨울에는 눈이 많이 내리는 탓에 좋은 경치 보기가 하늘의 별따기이기 때문이다. 그래서 마운틴 쿡을 보기 위해선 하루 이상 머무르는 것이 좋다. 마운틴 쿡 빌리지 내의 비지트 센터에 들르면 마운틴 쿡 주변의 정확한 날씨 정보를 얻을 수 있는 것은 물론, 비디오와 모형을 통해 마운틴 쿡의 지형과 아름다운 풍경을 볼 수도 있다. 또한 날씨만 따라 준다면 마운틴 쿡의 정상을 마주할 수 있는 뷰 포인트도 있다.

마운틴 쿡에선 트레킹도 할 수 있다. 여러 개의 트레킹 코스가 있지만, 그 중에서 후커 밸리 트랙을 추천한다. 4~6시간의 등반을 요하는 이 코스는, 마운틴 쿡 등반의 거점으로 이용되는 코스이면서도 급경사가 없어 별다른 장비 없이도 터미널 호수까지 갈 수 있는 아주 쉬운 코스다. 마운틴 쿡을 가장 가까이서 볼 수 있는 코스이기도 하다.

후커 밸리 트랙에 진입하면 좌측으로는 3,000m가 넘는 쉐프턴 산이 위엄 있는 모습으로 트레커들을 맞이한다. 그 아래에 마운틴 쿡을 등반하다가 사망한 산악인들의 위령비가 서 있다. 마운틴 쿡의 정면을 바라보며 2시간가량 걸으면 최종 목적지인 터미널 호수에 도착한다. 이미 올라온 트레커들이 호수 주변에 자리 잡고 앉아 따뜻한 햇살에 일광욕을 즐기는 모습이 눈에 들어온다. 돗자리를 펴고 책을 읽는 이들도 있고, 영화 속의 주인공인 양 열렬히 키스를 나누는 연인도 있다. 어떤 모습이든 터미널 호수 앞에선 그저 평화롭게 보인다.

휴식을 취하기가 무섭게 다시 내려갈 채비를 한다. 어둠이 내리기 전 산을 내려가야 하기 때문이다. 마운틴 쿡의 장관을 두고 돌아서는 길은 언제나 아쉽다. 하지만 도시로 귀환하는 여행자의 발걸음이 무겁지만은 않다. 여행자의 카메라 속엔 마운틴 쿡의 아름다움이 선명히 기록되어 있을 테고, 가방 속엔 다시금 살아갈 수 있는 삶의 동력이 가득 채워져 있을 것이니 말이다. ¤

3,754m의 높이를 자랑하는 마운틴 쿡은 뉴질랜드 원시 자연의 대표적인 아이콘이다.

트루먼이 꿈꾸던 코발트블루빛 파라다이스, 피지 '난디'

하늘에서 내려다보면 쪽빛의 바다와 태곳적 신비를 가진 섬이 너무나 아름답게 펼쳐진다.

거대한 스튜디오에서 나고 자란 트루먼이, 자신이 살고 있는 세계에 대해서 의심을 갖고 그 갇힌 공간으로부터 탈출을 꿈꾸면서 늘 가고 싶다 말했던 곳, 피지. 남태평양 멜라네시아의 동북부에 위치한 피지는, 눈부신 하늘 아래 태곳적 신비를 고스란히 간직하고 있는 아름다운 나라다. 트루먼이 아버지가 익사 장면을 목격하면서 얻은 트라우마와 바다에 대한 공포증을 극복하면서까지 피지에 가고 싶어 했던 것도, 아마 그 치명적 아름다움 때문이 아니었을까.

인천공항에서 출발한 비행기는 10시간 남짓을 날아 피지에 도착한다. 그런데 수도인 수바가 아닌 난디에 착륙하는 것이 특이하다. 난디는 피지에서 세 번째로 큰 도시이며 국제공항이 있는 도시이다. 덕분에 난디는 피지의 관문이자 여행의 거점 도시로 기능하고 있다. 피지의 주요 볼거리도 많이 있다. 힌두교 사원 시바 수브라마냐 사원은 여행자에게 남태평양에서 힌두교 사원을 만나는 이색적 경험을 제공하는 한편, 피지 인구의 약 절반을 차지하는 인도인들에게는 종교적으로 매우 의미 있는 곳이다. 또한 삼베또 산 바로 밑에 위치한 '잠자는 거인의 정원'이나, 바닥의 산호초가 훤히 들여다보이는 마나 섬 등도 난디의 대표적 명소이다.

코발트블루빛 바다 위로 뭉게구름이 하얗게 피어나는 피지에서, 여행자들은 눈이 시릴 만큼 아름다운 남국의 정취를 온몸으로 느끼며 삶의 여유를 되찾는다. 섬나라 특유의 느림의 미학을 몸소 실천하며 말이다. 그런가 하면 피지는 세계에서 가장 먼저 아침을 맞이하는 영광을 누릴 수 있는 곳이기도 하다. 날짜변경선이 바로 이 피지를 지나기 때문이다. 피지 북부에 위치한 타베우니 섬은, 세계에서 가장 먼저 태양이 뜨는 곳으로 2000년 1월 1일 새로운 밀레니엄의 첫 일출을 축하하며 '최초의 빛' 축제가 열렸던 곳으로도 유명하다.

인구 백만의 피지는 영국으로부터 독립한 지 35년밖에 되지 않는 신생 독립국이다. 경상남북도를 합친 크기에 320여 개의 크고 작은 섬이 들어찬 피지는, 이미 1,500년 전부터 사람이 살아온 역사가 있다. 오늘날 피지안이라고 불리기 이전에 '위대한 사람'이란 의미의 '비티안'으로 불렸던 원주민들은, 인종적으로는 멜라네시아계이지만 인접한 나라 통가의 영향을 받아 체격이 크고 건장한 것이 특징이다. 특히 여자들이 콧수염과 구렛나루를 가지고 있어 약간 어색하기까지 하다. 현재까지도 피지는 부락 단위로 마을이 구성되고 추장이 부족을 대표하는 원시의 전통을 유지하고 있다. 그래서 피지에서는 여전히 추장이 중요한 의미를 차지한다. 단순히 마을을 대표하는 것이 아니라 14명으로 구성된 피지 추장 회의에서 국가의 중대사를 결정하기 때문이다. 피지의 대통령도 이 14명 중 가장 높은 추장이 맡는다.

피지가 세계사에 등장하기 시작한 것은 1643년, 네덜란드인 타스만이 이곳을 발견하면서다. 이후 19세기 중엽 추장들 사이에 내전이 벌어졌는데 그로 인해 당시 이곳에 와 있던 미국인들이 생명과 재산을 잃게 되었다. 그들은 피해에 대한 배상금을 피지왕을 자처하던 자콘바우에게 요구했다. 4만 5000달러라는 거금을 지불할 능력이 없던 자콘바우는 영국에서 돈을 빌리는 대가로 토지 20만 에이커를 영국에 주었는데, 이것이 계기가 되어 피지는 1874년 영국의 식민지가 되었다.

영국의 식민지가 되면서 피지에는 영국 동인도회사를 통해 사탕수수 밭에서 일할 인도인들이 유입되기 시작했다. 1912년 436명의 이주를 시작으로 인도 노동자들의 유입은 계속 늘어 현재는 피지 인구의 절반을 인도인들이 차지하고 있다. 모든 상권을 장악한 그들과 달리, 원주민들은 이제 외진 섬이나 산간 내륙 깊숙이 들어가 아주 가난한 삶을 영위하고 있다. 하지만 영국의 식민지가 되었던 뼈아픈 경험 때문일까. 피지인들은 절대 타국의 이방인들에게는 땅을 팔지 않는다. 섬마다 리조트가 많이 들어서 있지만, 그 리조트들은 모두 반영구적으로 땅을 임차한 상태라고 한다.

영국의 식민지라는 힘겨운 역사를 겪었음에도, 신이 빚어 놓은 태곳적 신비를 여전히 간직한 곳. 3,000년이 넘는 세월 동안 추장 중심의 전통 문화를 지켜온 원시의 땅 피지, 그리고 문명인들에 동화되기보다는 더 깊은 자연 속 가난한 삶을 택한 위대한 비티안. 그들의 삶을 코발트블루빛 바다와 맑은 하늘이 감싸 안는다. ◌

SOUTH SEA CRUISES IV

배 뒤로 우뚝 솟아 있는 산이 톰 행크스가 주연한 영화 〈캐스트 어웨이〉의 촬영 장소이다.
고도는 높지 않지만 등산로가 잘 닦여 있지 않아 오르는 것이 제법 힘들다.

해질녘 붉은 태양은 피지를 더욱더 로맨틱한 분위기로 물들인다. 야자수 사이에
해먹을 매달아 놓고 석양을 즐기는 피지의 아이들.